Mariaconcetta Vinti
Jean-Michel Gracies

Cocontraction Spastique: caractérisation biomécanique et physiologique

AF209763

Mariaconcetta Vinti
Jean-Michel Gracies

Cocontraction Spastique: caractérisation biomécanique et physiologique

Hyperactivité musculaire antagoniste et impacts sur la commande agoniste, la perception de l'effort et la marche

Presses Académiques Francophones

Impressum / Mentions légales

Bibliografische Information der Deutschen Nationalbibliothek: Die Deutsche Nationalbibliothek verzeichnet diese Publikation in der Deutschen Nationalbibliografie; detaillierte bibliografische Daten sind im Internet über http://dnb.d-nb.de abrufbar.

Alle in diesem Buch genannten Marken und Produktnamen unterliegen warenzeichen-, marken- oder patentrechtlichem Schutz bzw. sind Warenzeichen oder eingetragene Warenzeichen der jeweiligen Inhaber. Die Wiedergabe von Marken, Produktnamen, Gebrauchsnamen, Handelsnamen, Warenbezeichnungen u.s.w. in diesem Werk berechtigt auch ohne besondere Kennzeichnung nicht zu der Annahme, dass solche Namen im Sinne der Warenzeichen- und Markenschutzgesetzgebung als frei zu betrachten wären und daher von jedermann benutzt werden dürften.

Information bibliographique publiée par la Deutsche Nationalbibliothek: La Deutsche Nationalbibliothek inscrit cette publication à la Deutsche Nationalbibliografie; des données bibliographiques détaillées sont disponibles sur internet à l'adresse http://dnb.d-nb.de.

Toutes marques et noms de produits mentionnés dans ce livre demeurent sous la protection des marques, des marques déposées et des brevets, et sont des marques ou des marques déposées de leurs détenteurs respectifs. L'utilisation des marques, noms de produits, noms communs, noms commerciaux, descriptions de produits, etc, même sans qu'ils soient mentionnés de façon particulière dans ce livre ne signifie en aucune façon que ces noms peuvent être utilisés sans restriction à l'égard de la législation pour la protection des marques et des marques déposées et pourraient donc être utilisés par quiconque.

Coverbild / Photo de couverture: www.ingimage.com

Verlag / Editeur:
Presses Académiques Francophones
ist ein Imprint der / est une marque déposée de
OmniScriptum GmbH & Co. KG
Heinrich-Böcking-Str. 6-8, 66121 Saarbrücken, Deutschland / Allemagne
Email: info@presses-academiques.com

Herstellung: siehe letzte Seite /
Impression: voir la dernière page
ISBN: 978-3-8381-4604-1

Copyright / Droit d'auteur © 2014 OmniScriptum GmbH & Co. KG
Alle Rechte vorbehalten. / Tous droits réservés. Saarbrücken 2014

A Lukas,
présence aimante
tout le long de ce chemin

REMERCIEMENTS

Il est de fondamentale importance pour moi de remercier tout d'abord mon compagnon de voyage, Lukas, à qui je dédie avec amour ce travail. Ce chemin comme tout chemin de vie a été loin d'être linéaire et sans difficultés ou découragements. Merci Lukas, merci pour ta présence et ton amour au quotidien, tes encouragements permanents et répétés et surtout la patience et la tendresse dont tu as fait preuve tout au long de ce parcours. Tu as été le plus beau cadeau de ces années !

Mes sincères remerciements vont à mon directeur de travaux, Jean-Michel Gracies. Nos débuts ne laissaient sans doute pas présager la beauté de notre collaboration actuelle ! Jean-Michel, je te remercie de m'avoir donné ta confiance et je me remercie de t'avoir donné la mienne malgré les difficultés du départ. Une belle fleur est née au travers de la connaissance et de la confiance bâties au cours de ces années. Merci de m'avoir transmis ton savoir, ton souci de perfection et surtout de m'avoir entraîné à une « sainte patience ! ». Je t'adresse un merci particulier pour avoir accepté de participer à mon film pour le concours « Dance your PhD» proposé par Science*, dans lequel tu t'exposes au monde dans un costume complètement différent de celui que tu endosses la plupart du temps…*
Pour en prendre vision : http://news.sciencemag.org/sciencenow/2012/10/dance-your-phd-and-the-winner-is.html

A ce propos, je remercie les acteurs et danseurs ayant participé à la réalisation de ce spectacle qui nous a valu le premier prix mondial du journal Science *dans la catégorie biologie. Merci Vincent, Eva, Manu, Jean-Michel, Eric, Christian, Anne, Annabelle, Sylvain et Lukas. Grand merci aux sœurs de Sainte Clotilde de nous avoir fourni les lieux du tournage et à l'association « Neurorééducation en Mouvement » d'avoir sponsorisé la réalisation de ce film.*

Bien sur je remercie tous les membres de l'équipe du laboratoire Analyse et Restauration du Mouvement *de l'hôpital Henri Mondor et du service de Médecine Physique et Réadaptation de l'hôpital Albert Chenevier qui ont rendu possible ce travail. Merci à Nathalie, Marie-Noël, aux Catherine, à Patricia et à tous les autres.*

J'adresse un remerciement particulier à Sylviane de la bibliothèque d'Henri Mondor pour les 269 articles scientifiques fournis au cours de ces trois ans, et qui a tenu bon jusqu'aux derniers jours, grazie mille!

J'adresse également mes remerciements sincères au Professeur Philippe Decq. Merci Philippe avant tout d'avoir rendu possible ce projet en me proposant une collaboration à Mondor et pour l'aide primordiale au recrutement des patients ayant participé à nos études.

Je tiens à remercier les membres de l'équipe du laboratoire de biomécanique de l'ENSAM aux Arts et Métiers Paris Tech avec qui nous avons réalisé une partie de nos acquisitions et traitements. Merci Madame Skalli, merci Hélène et merci Mathias ! Mathias, cela a été un vrai plaisir et un enrichissement de travailler avec toi.

Mes sincères remerciements vont au professeur David Burke et au professeur Jean-Jacques Temprado d'avoir accepté de critiquer ces travaux malgré la distance à parcourir. Merci d'avoir quitté les kangourous et le soleil pour critiquer ce travail. Merci aussi aux autres membres du jury.

Un grand merci à tous les membres de ma famille : Grazie papà Lillo e mamma Sara, Antonella, Fabio, Marcello, Dario, Settimio, Raffaele, Daniela e Marina.

Et pour terminer avec l'Italie, grazie a té Andrea Merlo per il tuo prezioso aiuto che mi ha permesso di aggiungere della qualità al mio lavoro. Che sia solo l'inizio di una fruttuosa collaborazione!

Enfin, je remercie les personnes aimées qui m'ont « chéri » tout au long de ces années. Merci tout particulièrement à Nicole, Anne et Annabelle.

Merci à tous

TABLE DES MATIERES

INTRODUCTION GENERALE

La parésie spastique est un syndrome commun à de nombreuses affections du Système Nerveux Central (SNC), parmi lesquelles accidents vasculaires cérébraux, traumatismes crâniens, sclérose en plaques, tumeurs cérébrales. Elle rend les mouvements volontaires difficiles voire impossibles. L'Accident Vasculaire Cérébral (AVC) est l'une des causes les plus communes, dont la récupération est très hétérogène. Il est estimé que 25% à 74% des 50 millions d'individus affectés à travers le monde ont besoin d'aide ou sont entièrement dépendants de soignants pour les activités de la vie quotidienne (Veerbeek et al., 2011).

Les statistiques actuelles montrent qu'après la phase subaigüe de rééducation (les premiers mois après l'AVC), seulement 12% des sujets atteints retrouvent entièrement l'usage du membre supérieur (Suzuki et al., 2011) et seulement 50% reprennent une marche autonome (Belda-Lois et al., 2011).

Parmi les principaux mécanismes physiopathologiques qui sous-tendent le syndrome de parésie spastique, l'hyperactivité musculaire occupe une place prépondérante. La «cocontraction spastique» est l'une des formes d'hyperactivité musculaire handicapant le plus sévèrement le mouvement volontaire dans les tâches fonctionnelles des membres supérieur et inférieur (Gracies et al., 1997, Gracies, 2005b).

Introduite très récemment dans la littérature et composé de deux mots riches en signification, l'expression *Cocontraction Spastique* désigne par le premier mot une « contraction musculaire excessive du muscle antagoniste, déclenchée par la commande volontaire sur un muscle agoniste » et par le deuxième, *spastique*, la sensibilité accrue de ce phénomène au degré d'étirement musculaire imposé au muscle antagoniste. La cocontraction spastique implique donc deux composantes, centrale (anomalie de la commande descendante) et périphérique (anomalie du réflexe d'étirement, Gracies et al., 1997, Gracies, 2005b).

Cette définition a le mérite de stimuler un processus de clarification au sein d'un sujet source de confusion et de nombreux débats : les mécanismes de la dégradation de la commande volontaire chez le sujet atteint d'une lésion du SNC. La recherche sur ce phénomène a été particulièrement freinée par l'intérêt traditionnellement porté par une majorité de cliniciens et chercheurs à une autre forme d'hyperactivité musculaire, mieux connue, plus facilement caractérisée, et plus facilement traitée, la *Spasticité*.

Définie comme une «exagération des réflexes d'étirement dépendants de la vitesse à laquelle on étire le muscle» (Lance, 1980 ; Burke et al., 1970), ce phénomène principalement d'origine médullaire, reconnu et mesuré au repos, occupe la scène depuis de nombreuses décennies, ayant été classiquement considéré comme la principale cause de dysfonctionnement moteur chez le sujet atteint d'une lésion du SNC (Buchthal et Clemmesen, 1946; Rushworth, 1964; Ashworth, 1964; Bobath, 1967 ; Mizrahi et Angel, 1979 ; Corcos et al., 1986).

De ce fait plusieurs études se sont intéressées à la «prévalence de la spasticité» au sein de pathologies du cerveau et de la moelle, comme par exemple dans la sclérose en plaques (Rizzo et al., 2004 ; Bensmail et Vermersch, 2012), dans les lésions médullaires (Maynard et al., 1990) ou dans l'hémiparésie (Kong et al., 2012) - en utilisant d'ailleurs souvent des critères quantitatifs arbitraires ou même seulement subjectifs pour définir le phénomène de *spasticité*. Dans le même temps, il n'y a eu aucune tentative d'estimation de la prévalence de la cocontraction spastique.

En parallèle, des médicaments dits «antispastiques» ont été développés dans le seul but de réduire les réflexes d'étirement. De même des techniques de rééducation ont été conçues avec pour principal objectif de réduire les «patterns réflexes» pathologiques (Bobath et Bobath, 1950 ; Bobath, 1967, 1977) ou de les intégrer dans des mouvements intentionnels complexes (Vojta, 1968). Bien que ces interventions chimiques et physiques aient réussi la plupart du temps à réduire les réflexes spastiques, aucune amélioration ultérieure de la fonction motrice n'a été observée (Sahrmann et Norton, 1977 ; Landau, 1995 ; O'Dwyer et al., 1996 ; Knutsson, 1983).

Ces échecs thérapeutiques sont probablement à mettre en lien avec l'écart existant entre les conditions passives où l'on peut définir et évaluer la spasticité, en utilisant par exemple un stimulus tel que les tapes tendineuses, un événement jamais rencontré dans la vie quotidienne, et celles qui caractérisent les mouvements volontaires. Lors des mouvements volontaires ou semi-volontaires tels que la marche, le système nerveux endommagé peut moduler l'activité du réflexe à l'étirement en réponse à différentes événements ; l'apparition de mouvements volontaires peut soit augmenter ou diminuer les réponses à l'étirement comparativement à l'état de repos (McLellan, 1977 ; Crenna, 1998). Ces éléments doivent probablement conduire à reconsidérer le traditionnel point de vue sur question, qui amène le plus souvent à n'effectuer chez les sujets parétiques que le seul examen de la réaction d'un muscle à son étirement au repos.

Cette remise en question ne doit pas cependant conduire à l'adoption d'une position extrême inverse niant complètement l'impact fonctionnel positif ou négatif de la spasticité telle que Lance (1980) l'a définie (O'Dwyer et al., 1996 ; Ada et al., 1998). L'hypothèse de la coexistence et d'une «collaboration délétère» entre contraction antagoniste pathologique d'origine centrale et spasticité dans les mécanismes de la dégradation du mouvement chez le sujet parétique est à l'origine de ce travail.

Des résultats issus de travaux préliminaires (Gracies et al., 1997) suggèrent que la réalité est en effet à mi-chemin, et qu'il est justifié de continuer à tester la sensibilité des récepteurs à l'étirement chez les patients atteints d'une parésie d'origine centrale. L'observation essentielle est que chez les malades spastiques, la réponse excessive à l'étirement amplifierait une anomalie de la commande descendante, d'où le terme de cocontraction spastique (Gracies et al., 1997). C'est dans cette lignée que s'inscrit cette étude.

Ce travail, réalisé au sein du Laboratoire *Analyse et Restauration du Mouvement* de l'hôpital Henri Mondor (Unité de Biomécanique et Système Nerveux, Arts et Métiers ParisTech), a pour objectif premier de participer à une meilleure compréhension des caractéristiques biomécaniques et physiologiques du phénomène pathologique de la cocontraction spastique, afin de tendre vers l'objectif ultime qui est l'ajustement des stratégies thérapeutiques à une plus juste compréhension physiopathologique du phénomène et à une meilleure appréciation de ses conséquences biomécaniques .

Ce travail se situant au carrefour entre la neurophysiologie et la biomécanique, elle nécessite la connaissance et la compréhension préalable d'un certain nombre d'éléments fondamentaux des deux disciplines. Le **premier chapitre** se compose donc d'une importante **partie préliminaire**, où seront rappelés d'une part les éléments d'anatomie, de biomécanique et de neurophysiologie de la contraction musculaire et, d'autre part les méthodes dynamométriques, et électromyographiques de quantification de la force musculaire ainsi que les méthodes cinématiques de quantification du mouvement. Le lecteur déjà au courant de tous ces éléments peut se reporter directement à la deuxième partie du premier chapitre (page 62), où débute une **revue de la littérature sur l'état de la question. Cette revue est** composée de trois parties : une première sur le modèle physiopathologique de la production de force dans la cocontraction spastique et les mécanismes neurophysiologiques impliqués; une deuxième sur l'impact fonctionnel de la cocontraction spastique avec une présentation des travaux préliminaires ayant donné naissance à ces travaux; et une troisième sur l'efficacité de la toxine botulique sur la cocontraction spastique.

Le **deuxième chapitre**, correspond à des travaux réalisés chez des sujets présentant une hémiparésie spastique et des sujets sains, couplant des enregistrements dynamométriques et électromyographiques lors de contractions isométriques à la cheville. Les objectifs sont de caractériser et quantifier le niveau de cocontraction antagoniste en conditions statiques, en présence de caractéristiques variables de la commande centrale (gradation de l'intensité d'effort) et des conditions périphériques (muscle allongé ou raccourci). Nous mesurerons de plus, l'impact de la cocontraction spastique sur la perception de l'effort.

Les hypothèses de ces travaux sont les suivantes : le sujet hémiparétique devrait présenter un degré de cocontraction antagoniste exagéré, créant un couple d'opposition au mouvement voulu en l'absence de tout étirement phasique du muscle affecté (condition isométrique) permettant d'exclure la spasticité comme cause ; cependant cette cocontraction sera aggravée par : la mise en étirement du muscle antagoniste hyperactif et le niveau de l'effort. L'exacerbation de ces cocontractions spastiques avec la mise en étirement du muscle hyperactif devrait aussi limiter l'expression du muscle agoniste (parésie sensible à l'étirement) et influencer la perception de l'effort, contribuant à une sensation de faiblesse ou de fatigue excessive perçue par le sujet lors d'une contraction musculaire volontaire.

Le **troisième chapitre** correspond à des travaux réalisés chez des sujets présentant une hémiparésie spastique et des sujets sains couplant des enregistrements cinématiques et électromyographiques pendant la marche. Les objectifs sont de permettre, au-delà de l'étude en conditions statiques, de caractériser la cocontraction spastique chez l'hémiparétique lors d'une tâche fonctionnelle quotidienne fondamentale. L'étude vise plus particulièrement la phase d'oscillation de la marche (allant du décollement des orteils à l'attaque du talon au sol). L'hypothèse est que la cocontraction antagoniste des fléchisseurs plantaires pourrait contribuer au déficit de relevé actif du pied au cours de cette phase. Afin de faciliter les comparaisons entre les 2 populations, les sujets sains ont marché à deux vitesses, spontanée et lente.

Le **quatrième chapitre** présente **une étude subsidiaire** audelà du travail fondamental de ces travaux, consacrée à une analyse électromyographique lors de contractions isométriques au membre supérieur de sujets hémiparétiques. Ces expérimentations ont analysé la cocontraction spastique avant et après traitement par toxine botulique aux fléchisseurs du bras. L'hypothèse première est que la toxine botulique permettra une diminution de la cocontraction spastique au muscle injecté et également au muscle antagoniste non injecté.

Dans le **cinquième chapitre**, nous présentons la *Synthèse* et les *Perspectives* de ces études. Les perspectives suggérées par ce travail sont de présenter au biomécanicien et au neurophysiologiste des données et un canevas d'indices biomécaniques et électromyographiques potentiellement utiles à la recherche ultérieure sur la parésie spastique et d'apporter au clinicien un peu plus de clarté sur le phénomène de la cocontraction spastique, en dirigeant la réflexion vers de nouvelles méthodes dans l'évaluation du patient et sa prise en charge.

Une liste des publications et communications scientifiques issues de ce travail est présentée à la fin de ce manuscrit.

CHAPITRE I

I) PARTIE PRELIMINAIRE

1) Contraction musculaire et force: modèle physiologique

Tout comportement moteur, qu'il soit conscient ou inconscient, est fondé sur un ensemble de contractions musculaires orchestrées par le cerveau et la moelle épinière. Pour comprendre aussi bien les comportements normaux que l'étiologie de divers troubles neurologiques, il est essentiel d'analyser la façon dont le cerveau et la moelle dirigent cette symphonie motrice.

1.1 De la pensée a l'action

Lors des mouvements volontaires, pour répondre à l'intention de réaliser une tâche déterminée, les *muscles se contractent en temps opportun, avec une force adéquate et selon une séquence appropriée* régie par une organisation nerveuse commandant l'action musculaire.

La façon la plus commode de comprendre cette organisation nerveuse ainsi que d'éventuels dérèglements de la commande volontaire est de cheminer brièvement à travers trois niveaux distincts mais hautement interactifs de son organisation, les niveaux *Elaboré*, *Intermédiaire* et *Basal* de la commande motrice (Figure 1) dont chacun apporte une contribution spécifique au contrôle du mouvement.

Le **Niveau Elaboré** (Figure 1) peut être subdivisé en deux unités fonctionnelles. La première unité génère la représentation spatiale et temporelle ou l'orientation du mouvement, c'est à dire les paramètres cinématiques: localisation spatiale, origine et fin du mouvement, ainsi que l'accélération et la vitesse. Cette unité correspond à des activités qui ont été appelées imagination motrice, représentation mentale, répétition mentale du mouvement, ou concept spatio-temporel (Averbeck et al., 2003 ; Hanakawa et al., 2003, Herbert et al., 1998 ; Kalaska et al.,1997; Sirigu at al., 1996). La représentation mentale du mouvement implique au moins certaines aires corticales, pariétales postérieures et prémotrices frontale et latérale, pour les informations sensorielles de base, c'est à dire les mouvements déclenchés par un guidage externe (Averbeck et al., 2003 ; Hanakawa et al., 2003 ; Kalaska et al., 1997 ; Sirigu et al., 1996) et certains circuits pariétaux et préfrontaux inférieurs pour les mouvements acquis par

13

l'usage ancien et répété, qu'on appelle les mouvements automatiques (Buxbaum et al., 2003 ; Goldman-Rakic et al., 1992).

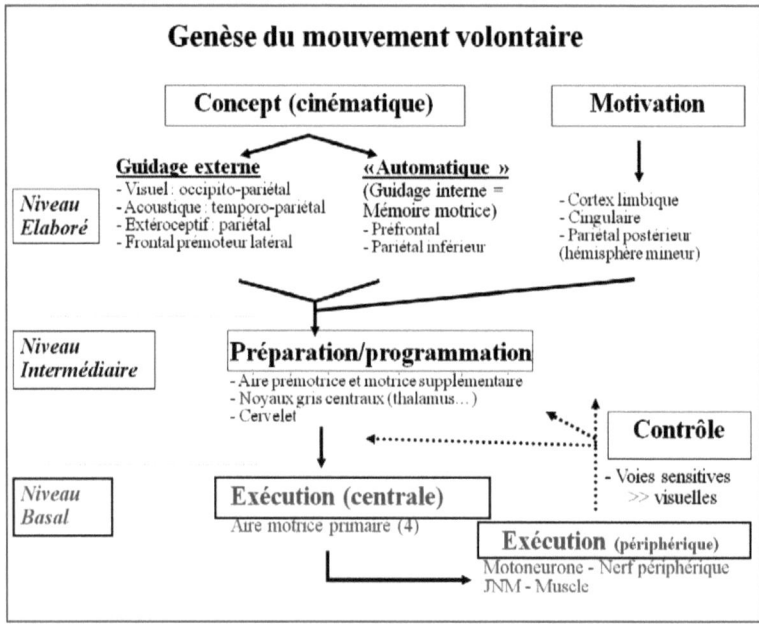

Figure 1. Genèse du mouvement volontaire (d'après Gracies, Muscle et Nerve, 2005).

La seconde unité du niveau élaboré génère la volonté, ou la motivation à se mouvoir, en impliquant des voies limbiques spécifiques, en particulier le cortex cingulaire antérieur (Keller et al., 1990 ; Trevena et Miller, 2002 ; Winterer et al., 2002).

Le *Niveau Intermédiaire* de la commande motrice correspondant à la planification et la préparation du mouvement et comprend la partie antérieure de l'aire motrice supplémentaire et ses connections respectives avec le cortex préfrontal et les noyaux gris centraux. Le cervelet est également impliqué, notamment dans la correction d'erreurs de mouvement ou dans la préparation de la fin des mouvements, en comparant les commandes motrices émises par le cortex avec les messages sensoriels rétroactifs, relatifs aux mouvements effectivement exécutés (Jueptner et Weiller, 1998 ; Johnson et al., 2002 ; Watanabe et al., 2002). Le cervelet intervient aussi dans certains aspects de l'apprentissage moteur (Hanakawa et al., 2003). A ces niveaux intermédiaires est élaborée la programmation réelle dans le temps et dans l'espace des contractions et relaxations musculaires diverses, nécessaires pour réaliser le mouvement prévu dans la représentation mentale du niveau élaboré, incluant le temps, la rapidité de démarrage, l'intensité et la durée de chaque contraction musculaire.

Le *Niveau Basal* de la commande motrice centrale volontaire est l'exécution même du mouvement. Il est permis par les motoneurones suprasegmentaires qui ont leur corps cellulaire dans le tronc cérébral ou le cortex. Les axones de ces motoneurones suprasegmentaires descendent s'articuler, dans la substance grise de la moelle, avec des interneurones et/ou directement avec les motoneurones alpha (ou motoneurones segmentaires). Ces voies font, au sens vrai du terme, le lien entre la pensée et l'action. En effet, une fois le mouvement conçu, décidé et planifié, le plan est exécuté centralement par l'aire motrice primaire centrale (Aire 4 de Brodmann), le centre semiovale, la capsule interne, le faisceau corticospinal et en périphérie par le motoneurone de la corne antérieure, la jonction neuromusculaire et enfin le muscle.

L'atteinte d'une des aires centrales d'exécution déconnecte la volonté et le programme du mouvement de son effecteur, perturbant l'accès de la commande volontaire au neurone moteur inférieur. Bien que les perturbations aux niveaux supérieurs et intermédiaires puissent modifier la motivation à se déplacer, la capacité de concevoir le mouvement dans l'espace, la mémoire des apprentissages moteurs, la planification et la vérification du mouvement, seules les lésions faisant intervenir le niveau basal provoquent les modifications intervenant typiquement dans le syndrome de parésie spastique.

La compréhension de tels mécanismes nécessite de cheminer à travers un ensemble de structures, sièges des échanges et régulations physico-chimiques à la base de la contraction musculaire qui aboutit à la production de la force. Le motoneurone, la jonction neuromusculaire, le muscle, maillon terminal de la chaine du mouvement volontaire et les interneurones spinaux qui contribuent de façon non négligeable à l'élaboration du mouvement volontaire seront abordés ici.

1.2 Du motoneurone au muscle

1.2.1 Motoneurone

Toutes les commandes motrices, quelles soient réflexes ou volontaires, sont ultimement relayées vers les muscles par l'activité des motoneurones alpha (MNs α, ou motoneurones segmentaires), qui, pour reprendre le terme de Charles Sherrington (1906), représentent la voie finale commune de la motricité. La majeure partie des neurones qui innervent les muscles squelettiques du corps sont situés dans la corne antérieure de la moelle. Chaque motoneurone innerve des fibres musculaires appartenant à un seul muscle et l'ensemble des motoneurones innervant un muscle particulier (le groupe ou **pool motoneuronal** de ce muscle) se rassemblent en amas cylindriques s'étageant sur un ou plusieurs segments parallèlement à l'axe longitudinal de la moelle. L'ensemble constitué par un motoneurone et les fibres musculaires qu'il contacte représente l'unité neuromusculaire fonctionnelle de base appelée, **unité motrice** (UM) par Sherrington (1906, Figure 2).

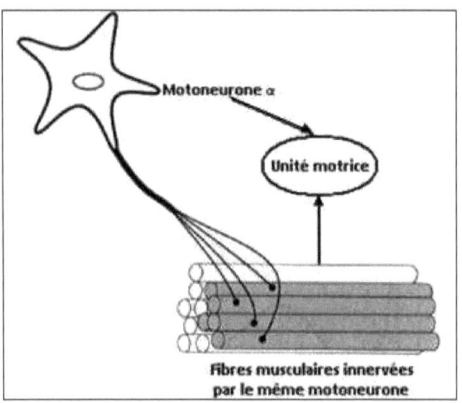

Figure 2. L'unité motrice composée du motoneurone α et des fibres musculaires (d'après Dalleau et Allard, 2009).

Dans la plupart des muscles, on peut identifier trois types d'UM en se fondant sur leur vitesse de contraction, sur la tension maximale qu'elles développent et sur leur fatigabilité (Burke RE et al., 1974). Les UM **rapides et fatigables** (FF, pour *fast and fatigable*) se contractent et se relâchent rapidement ; ce sont elles qui développent la plus grande force. Toutefois, comme leur nom l'indique, elles se fatiguent après quelques minutes d'une stimulation répétitive. A l'opposé les UM **lentes** (S, pour *slow*) sont résistantes à la fatigue et peuvent produire une force constante durant plus d'une heure de stimulation répétitive, mais elles se contractent plus lentement et ne peuvent atteindre qu'une fraction de la force que développent les unités FF. Le troisième groupe a des propriétés intermédiaires entre les deux précédents. Ces UM rapides et **résistantes à la fatigue** (FR, pour *fatigue-resistant*) ne sont pas aussi rapides que les unités FF, mais elles sont nettement plus résistantes à la fatigue (Burke RE et al., 1974, Figure 3). La plupart des muscles comportent un mélange des trois types de fibres musculaires, mais dans une unité motrice donnée, toutes les fibres musculaires sont du même type.

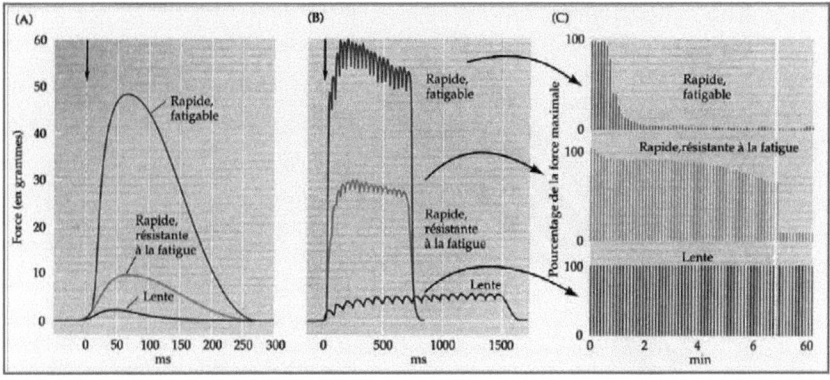

Figure 3. Trois types d'unités motrices, comparaison de la force et de la fatigabilité. Dans chaque cas la réponse fait suite à la stimulation d'un motoneurone. Axe des y : force produite par chaque stimulus. (A) Variation de tension en réponse aux potentiels d'actions d'un seul motoneurone. (B)Tensions obtenues en réponse à la stimulation répétitive des motoneurones. (C) Réponses à une stimulation répétée, d'une intensité provoquant une tension maximale (d'après Burke RE et al., 1974).

Les propriétés contractiles d'une unité motrice sont déterminées par le nombre et la section transversale des fibres qui la composent. Quel que soit le muscle considéré, les unités FF comprennent un plus grand nombre de fibres musculaires que les unités S et leur section est également plus grande (les unités FR ont des propriétés intermédiaires). Ainsi par rapport à une unité S, la commande d'une unité FF entraîne la contraction d'un plus grand nombre de fibres musculaires dont chacune développe une force plus élevée.

1.2.2 Jonction neuromusculaire

La jonction neuromusculaire (ou synapse neuromusculaire) est le point de rencontre entre la terminaison du motoneurone et la fibre musculaire. A ce niveau le signal électrique déclenche la libération de molécules chimiques appelées neurotransmetteurs qui traversent l'espace entre le neurone et la fibre musculaire et se lient à des récepteurs situés à sa surface. Cette liaison déclenche un enchaînement de phénomènes électriques qui se propagent à la surface de la fibre musculaire.

Sur la Figure 4, on distingue une membrane axonale présynaptique formée de zones actives au

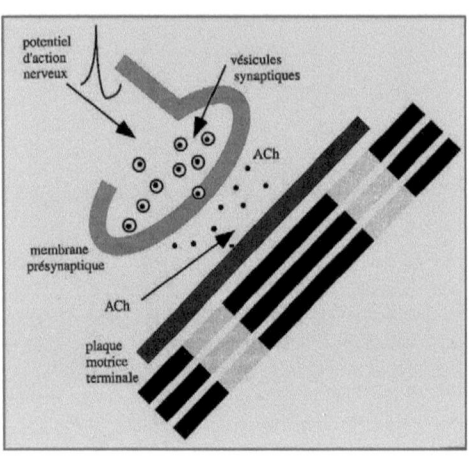

niveau desquelles on trouve de nombreuses vésicules synaptiques contenant un neurotransmetteur (l'acétylcholine, ACh). Il existe dans cette zone une concentration importante de mitochondries dont le rôle est de fournir les molécules énergétiques (ATP). Quand la décision est prise au niveau du SNC de produire une contraction musculaire, les influx nerveux cheminent le long de neurones situés dans la moelle épinière dont les axones (fibres nerveuses qui sont le prolongement du neurone) atteignent les muscles appropriés ou en d'autres termes innervent les muscles. Le potentiel d'action (onde électrique) nerveux présynaptique induit le déplacement des vésicules contenant l'ACh vers la membrane présynaptique, leur fusion permet la libération et diffusion de l'ACh vers la membrane musculaire postsynaptique.

Figure 4. Synapse musculaire (d'après Latash, 2002).

La membrane de la fibre musculaire dépolarisée est le siège d'un potentiel d'action qui se propage comme une onde transversale, le long de la fibre et en profondeur provoquant la libération d'ions calciques qui seront la clé de la mobilisation des protéines (actine et myosine) musculaires à la base du processus de contraction musculaire : c'est ce que l'on appelle le couplage excitation-contraction.

1.2.3   Muscle : structure et ultrastructure

Le muscle, organisé sur le mode fasciculaire bien visible sur une coupe (Figure 5), d'après Bloom & Fawcett, 1968) est contenu dans une aponévrose musculaire, enveloppe inextensible qui forme un étui capable de s'adapter à ses variations de volume. Le corps musculaire, enveloppé d'un tissu conjonctif, le *Périmysium*, est occupé par de nombreux faisceaux musculaires constitués de *faisceaux de myofibrilles*, unités fonctionnelles du muscle qui baignent dans le *sarcoplasme*.

On peut représenter une myofibrille comme une succession d'une grande quantité d'unités contractiles, les **sarcomères**. Dans une myofibrille, on distingue le sarcomère, espace compris entre deux stries Z, centré par la bande H, plus clair présentant une strie centrale et encadrée de deux bandes plus foncées qui créent la striation transversale du muscle rouge. Au sein de

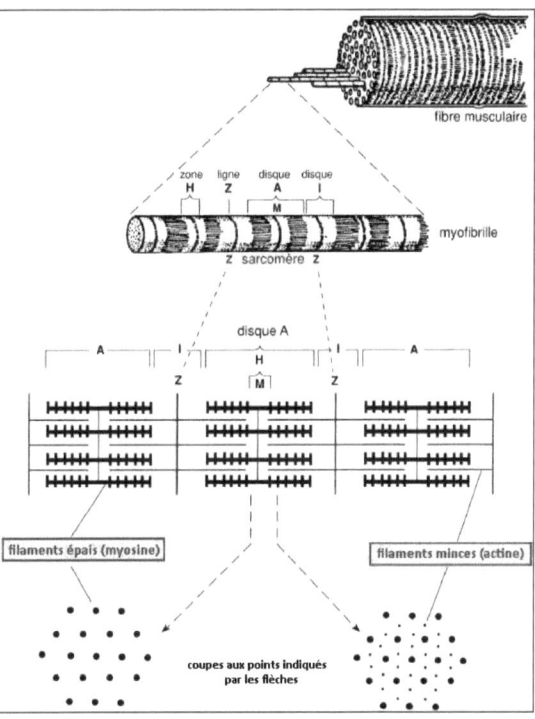

Figure 5. Fibre musculaire : structure et ultrastructure (d'après Bloom & Fawcett, 1968 modifiée).

l'ultrastructure d'un sarcomère, on observe une alternance de filaments minces, constitués d'**actine** et de filaments épais, constitués de **myosine**. Sur une coupe transversale, les filaments épais de myosine affectent une disposition hexagonale, comprenant au centre des trois d'entre eux un filament mince d'actine, ainsi en relation avec trois filaments épais.

Les muscles striés ont quatre propriétés essentielles :

1) *l'excitabilité* : propriété que possède le muscle de réagir à une stimulation par contraction avec production de phénomènes électriques associés à des réactions biochimiques. Le stimulus physiologique du muscle est l'influx nerveux qui progresse sur l'axone pour parvenir au niveau de la jonction musculaire et déterminer la contraction musculaire ;

2) *la contractilité* : est la propriété du tissu musculaire de pouvoir se raccourcir de façon à mobiliser les éléments osseux auxquels ils sont rattachés ;

3) l'*élasticité* : est la propriété du tissu musculaire de reprendre sa forme initiale lorsque s'arrête la contraction ;

4) *la tonicité* : est la propriété du muscle à être dans un état permanent de tension qu'on appelle en physiologie le tonus musculaire.

1.3 Du muscle à la contraction musculaire

1.3.1. Caractéristiques et propriétés musculaires

Les muscles constituent les moteurs de l'appareil ostéo-articulaire et représentent 40% du poids du corps. Notre appareil locomoteur en comporte six cent quarante. Les muscles qui font l'objet de ces travaux sont les **muscles striés**, ou muscles squelettiques de couleur rouge, qui sont de vrais moteurs linéaires qui mettent en mouvement les leviers osseux sur lesquels ils s'attachent, en développant une puissance par raccourcissement ou par allongement.

D'un point de vue biomécanique, on peut distinguer les muscles d'après le rôle qu'ils jouent dans le mouvement monoarticulé (i.e. dans l'unité de mouvement articulaire), en tenant cependant compte du fait que l'action musculaire ne se limite pas à un seul degré de liberté mobilisé volontairement, en raison de la complexité du système musculo-squelettique. Dans cette perspective, on peut distinguer avec Rash et Burke RK (1974) :

- les muscles **agonistes** (ou protagonistes), qui sont les muscles dont la contraction concentrique tend à provoquer le mouvement désiré. C'est le cas du biceps brachial dans la flexion de coude, et du triceps brachial dans l'extension ;
- les muscles **antagonistes** sont les muscles dont la contraction (ou force élastique) est susceptible de produire une action articulaire exactement inverse à celle du mouvement désiré. Ainsi le biceps brachial a pour antagoniste le triceps brachial dans la flexion et inversement dans l'extension.

Dans chacun des deux groupes, on appelle **synergistes** les muscles qui ont une action commune et qui favorisent le mouvement sans pour autant le provoquer.

Cette catégorisation est bien adaptée lorsqu'il s'agit de muscles mono-articulaires (qui s'insèrent sur une seule articulation) qui ont le plus souvent des relations d'antagonisme 'simple': la contraction des agonistes entraîne la décontraction des antagonistes selon le postulat de Sherrington (1906), ou inhibition réciproque, que nous verrons plus loin. En effet ce raisonnement cartésien ne trouve pas tout le temps son application, les antagonistes pouvant se contracter en même temps que les agonistes dans un grand nombre de circonstances. On parle alors de **cocontraction**, caractérisant l'activation simultanée des muscles agonistes et antagonistes au sein de la même articulation et agissant sur le même plan (Olney, 1985).

Lorsqu'il s'agit de muscles biarticulaires tels que les gastrocnémiens, le long biceps brachial et autres, qui ont une action sur chacune des articulations sur lesquelles ils s'insèrent, il est plus difficile d'attribuer le rôle d'agoniste, d'antagoniste ou de synergiste. Du fait de la plurifonctionnalité de ces muscles, le rôle joué par chacun d'eux peut, contrairement à ce qui se produit lors d'un mouvement monoarticulé, changer au cours de l'acte moteur. Un exemple est représenté par le triceps sural. Ce groupe fonctionnel principalement responsable de la production du couple de flexion plantaire comprend les muscles gastrocnémiens, biarticulaires et le muscle soléaire, mono-articulaire. Bien que classés comme des synergistes, la relation entre ces deux muscles est constamment soumise à des changements en fonction de la tâche. Par exemple, en position debout, le soléaire est presque toujours actif, tandis que l'activation des gastrocnémiens est minimale. C'est avec une augmentation de la vitesse du mouvement qu'une augmentation correspondante de l'activité des gastrocnémiens est observée (Duysens et al., 1991).

1.3.2. La contraction musculaire

La contraction musculaire résulte de la propagation le long du muscle des potentiels d'action qui naissent au niveau de la jonction neuromusculaire. Le changement de structure du sarcomère en relation avec la contraction en allongement ou raccourcissement a été expliqué par Huxley et Hanson (1959) comme résultant d'un glissement relatif des filaments d'actine et de myosine (théorie des filaments glissants). Leur longueur ne change pas mais ils se chevauchent plus ou moins. La contraction musculaire est déterminée par la progression vers la ligne Z du filament épais de myosine entre les filaments minces d'actine.

Les têtes de myosine se jettent à distance, sur les filaments minces d'actine, formant des « ponts de liaison » et, du fait de leur élasticité, tirent en profondeur le filament mince d'actine à l'intérieur des espaces entre les filaments épais, d'où un raccourcissement des deux moitiés du sarcomère, donc du sarcomère dans son ensemble. La force développée par une fibre musculaire est approximativement proportionnelle au nombre moyen de ponts acto-myosine constitués. La

Figure 6, montre le comportement des filaments d'actine par rapport aux filaments de myosine dans la contraction en allongement (120%), sans modification de longueur (100%) et en raccourcissement (90%) d'après Huxley (1957).

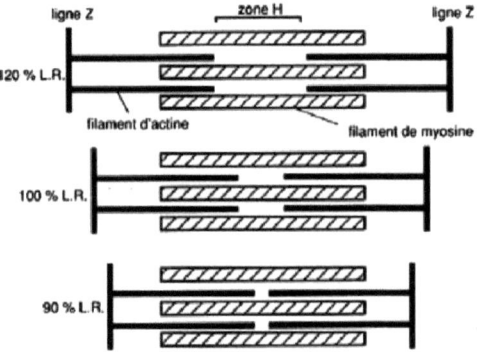

Figure 6. Modification de la structure du sarcomère lors de la contraction musculaire (d'après Huxley, 1957).

1.3.3. Types de fibres musculaires

De la même manière que les unités motrices, les fibres musculaires squelettiques sont subdivisées selon leur vitesse maximale de contraction, c'est-à-dire la vitesse à laquelle les têtes de myosine se détachent de l'actine, et de plus selon leur métabolisme préférentiel utilisé pour resynthétiser les molécules d'ATP. La subdivision utilisée pour les unités motrices par Burke RE et collaborateurs (1974) chez l'animal est souvent adoptée pour classer les fibres en fonction de leur vitesse de contraction. Mais généralement la classification plus simple adoptée chez l'homme est celle proposée par Engel (1962) qui se base sur la coloration de l'ATPase myofibrillaire (après incubation à un pH de 10,4).

En raison de la valeur de ce pH, les fibres de type I ('Slow' selon Burke RE et al., 1974) apparaissent claires, alors que les fibres de type II ('Fast') deviennent foncées du fait de leur pH acide. Les fibres musculaires de type II sont elles-mêmes subdivisées en deux groupes toujours à partir de leur sensibilité relative au pH (Brooke et Kaiser 1970) les II A ('Fast Fatigable') et les II B ('Fatigue resistant ').

Le tonus musculaire en physiologie est *le niveau de tension d'un muscle au repos* qui est supposé représenter l'essentiel de *la résistance du muscle à l'étirement passif* (définition clinique du tonus). Pendant le XIXème siècle et les premières années du XXème, le tonus musculaire était attribué à la résistance exercée par les structures des tissus élastiques (Cobb et Wolff, 1932). Plus récemment, on regarde le tonus musculaire comme un « tonus réflexe » qui est le produit d'une interaction dynamique entre un nombre essentiel de composants du réflexe d'étirement et les propriétés contractiles du muscle (Matthews, 1959 ; Herman, 1970).

Contrôlé par les centres nerveux sous-corticaux, le tonus musculaire dépend du niveau de décharge, au repos, des motoneurones alpha. Deux éléments majeurs contribuent à ce niveau tonique :

> ➤ l'activité des afférences fusoriales Ia du *fuseau neuromusculaire*, responsables du *réflexe d'étirement* ;
> ➤ le système efférent *gamma*, qui par son action sur les fibres intrafusales, règle le niveau d'activité au repos des fibres Ia et détermine le niveau de base de l'activité des motoneurones alpha en l'absence d'étirement musculaire.

Fuseaux neuromusculaire

L'état de tension des muscles est mesuré par des capteurs situés dans l'intimité des myofibrilles, les fuseaux neuromusculaires (FNM). Ce sont des récepteurs très sophistiqués, permettant aux autres neurones du SNC de connaître la **longueur** et la **vitesse d'étirement** des fibres musculaires. Ces propriocepteurs sont fusiformes (généralement 1cm de long), avec un renflement en leur centre qui leur donne donc l'apparence de fuseaux. Ils sont dispersés en grande quantité parmi les fibres musculaires. Chaque fuseau comporte des fibres musculaires spécialisées, appelée fibres **intrafusales** (Figure 7), disposées parallèlement aux fibres

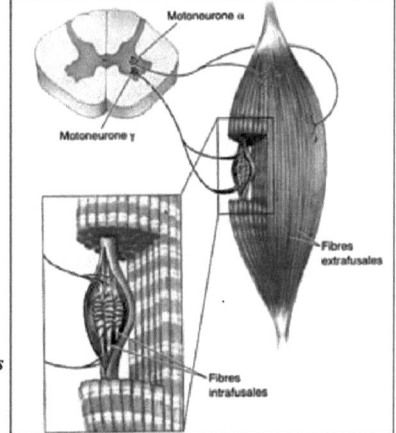

Figure 7. Fuseau neuromusculaire. Fibres intrafusales et extrafusales (image : www.google.fr).

23

responsables de la contraction musculaire appelées fibres **extrafusales**. Aux deux extrémités, les fibres intrafusales sont connectées soit à des fibres extrafusales, soit aux attaches tendineuses. Ainsi lorsque les fibres extrafusales modifient leur longueur, les fibres intrafusales sont étirées ou raccourcies selon le cas.

Le fuseau est sensible à l'étirement du muscle, grâce à des terminaisons sensitives. Deux types de terminaisons sensorielles peuvent être observés. Les terminaisons fusoriales primaires de type Ia et les terminaisons fusoriales secondaires de type II. Les fibres nerveuses provenant des terminaisons primaires sont de type Ia, alors que les fibres des terminaisons secondaires sont de type II. Les terminaisons sensorielles primaires (Ia) sont sensibles à la fois à la longueur et à la vitesse d'étirement du muscle. La sensibilité à la vitesse de la terminaison fusoriale primaire se traduit par une augmentation de la fréquence de décharge pendant l'étirement et par une diminution pendant le raccourcissement musculaire.

Les fibres Ia sont parmi les plus rapides de toutes les fibres neuronales. Elles sont myélinisées, avec un diamètre variant de 12 à 20μm qui correspond à une vitesse de propagation des potentiels d'action proche d'environ 120 m/s chez le chat et à 70 m/s chez l'humain (Pierrot-Deseilligny et Burke D, 2005). Ces afférences sont sensibles à l'étirement statique (tonique) et dynamique (phasique) des fuseaux neuromusculaires et donc à la vibration mécanique (80 Hz) du muscle (Roll et Vedel, 1982). Les terminaisons fusoriales secondaires (type II) sont uniquement sensibles à la longueur du muscle, étant insensibles à la vitesse d'étirement. Les fibres II sont plus petites et leur vitesse de conduction est également plus faible, comprise entre 20 et 60 m/s.

Les fibres Ia recueillant les influx engendrés dans les terminaisons primaires, s'enroulent autour de la partie centrale du fuseau ; leur activité augmente dès l'étirement du muscle qui déforme les fibres intrafusales. Les fibres Ia s'articulent de façon monosynaptique avec les motoneurones alpha homonymes de la corne ventrale de la moelle (Lloyd, 1943) tout en transmettant leurs informations aux centres supérieurs. L'activation des FNM entraine ainsi une augmentation rapide de la tension musculaire qui s'oppose à l'étirement par un réflexe appelé réflexe d'étirement.

Les fibres Ia s'articulent aussi de façon monosynaptique avec les MNs des muscles synergiques (**Projections Monosynaptiques Ia Hétéronymes**, Lloyd, 1946) au niveau de la même articulation, comme par exemple du gastrocnémien médial vers le latéral (Mao et al., 1984) ou du soléaire vers le gastrocnémien médial (Meunier et al., 1993) et avec les muscles distants fonctionnant à différentes articulations, comme par exemple du quadriceps au soléaire (Eccles et Lundberg, 1958). Ces connexions hétéronymes unissent des muscles dont la cocontraction est habituelle dans une activité stéréotypée comme la marche. Certaines ne sont caractéristiques que de la station bipède, n'ayant pas été retrouvées chez le chat.

Réflexe d'étirement

Les circuits excitateurs Ia sont donc responsables du réflexe *monosynaptique d'étirement* ou réflexe myotatique, c.à.d la contraction du muscle consécutive à son propre allongement. Depuis, Liddell et Sherrington (1924) ont distingué chez le chat deux composantes du réflexe d'étirement: une phasique et une tonique. La *composante phasique*, intense et de courte durée, est provoquée par l'allongement dynamique (le réflexe tendineux en est l'exemple type) et emprunte la voie monosynaptique (Lloyd, 1943). La *composante tonique,* plus faible mais persistant plus longtemps, est liée à un allongement constant. Ce réflexe, pouvant être considéré comme une boucle de rétroaction (ou feed-back) tendant à maintenir constante la longueur du muscle, est un élément physiologique de premier plan dans le mouvement humain, maintenant le tonus de posture et contribuant au mouvement lors de certaines tâches motrices.

Chez l'homme, cette contribution a été établie lors de la course où un accroissement brusque et important de la réponse électromyographique du triceps sural survient après que le pied ait touché le sol (Dietz et al., 1979), dans des situations visant à rétablir l'équilibre après une poussée brusque vers l'avant (Bussel et al., 1980) et d'autres activités motrices. Cependant il ne reste qu'une contribution modeste à la décharge des MNs α dans l'élaboration du mouvement, de nombreux autres systèmes étant impliqués. Cela explique qu'un sujet dont les fibres Ia ne sont plus fonctionnelles et qui ne présente plus de réflexe d'étirement phasique, en dépit de quelques troubles, puisse courir ou résister à la poussée (Bussel et al., 1980).

Système gamma (γ)

Pour répondre aux différentes exigences fonctionnelles, le gain du réflexe d'étirement est continuellement ajusté. L'ajustement du gain se fait en modifiant le niveau d'excitation d'une classe particulière de motoneurones innervant les fibres intrafusales, les **motoneurones**

gamma. Ces motoneurones de petite taille sont disséminés parmi les motoneurones alpha, dans la corne ventrale de la moelle. L'accroissement de leur activité fait augmenter la tension des fibres intrafusales par l'accélération de la décharge provenant des terminaisons primaires (Kuffler et al., 1951) et leur contraction augmente en effet la sensibilité des fibres Ia à l'étirement du muscle.

Un grand nombre de faisceaux descendants et de voies afférentes périphériques convergent sur les MNs γ et sont capables de modifier leur excitabilité. Au cours des mouvements volontaires, les motoneurones alpha et gamma sont fréquemment coactivés par les centres supérieurs pour empêcher que les fuseaux ne subissent une « réduction d'étirement », en maintenant une décharge de base des terminaisons primaires au cours du mouvement (Kuffler et al., 1951). Ceci permet la réalisation d'un mouvement sans heurt malgré les différentes perturbations qui peuvent s'y opposer (Burke D, 1981).

L'activité des motoneurones gamma n'est toutefois pas le seul facteur dont dépend le gain du réflexe d'étirement. Il dépend aussi du niveau d'excitabilité des motoneurones alpha, qui constituent le versant effecteur de cette boucle réflexe. C'est pourquoi, d'autres circuits locaux de la moelle ainsi que des projections descendantes sont susceptibles d'influencer le gain du réflexe par le biais de l'excitation ou de l'inhibition des motoneurones, soit alpha, soit gamma.

1.4 Interneurones spinaux et contrôle de la contraction musculaire

Le processus d'intégration dans la moelle épinière repose sur la convergence de voies multiples sur des neurones situés en amont des motoneurones. Intercalés dans les circuits de la moelle épinière et fonctionnant comme des véritables «petits centres intégrateurs» (Pierrot-Deseilligny et Mazières, 1984ab), les interneurones peuvent contribuer à la double interaction nécessaire au cours du mouvement : contrôle des circuits réflexes par la commande centrale et modulation de la commande descendante par les décharges afférentes périphériques. Du fait de son siège dans la moelle épinière, ce processus d'intégration est en mesure d'adapter très rapidement l'activité motrice d'origine centrale aux conditions exactes qui prévalent à la périphérie par des mécanismes d'inhibition ou d'excitation selon les nécessités.

Il existe deux mécanismes d'inhibition de base dans le SNC, appelés inhibition postsynaptique et inhibition présynaptique selon que l'inhibition ait lieu sur la membrane pré ou postsynaptique de la synapse. Le premier mécanisme a lieu sur la membrane postsynaptique en diminuant le potentiel de réponse des neurones cibles et rend les neurones moins sensibles (ou insensibles) à un signal excitateur. Le second mécanisme est plus subtil et plus sélectif ; il rend moins efficaces certaines afférences (certaines synapses) au neurone, sans affecter les autres afférences.

Deux exemples d'inhibition postsynaptique dans la moelle épinière sont particulièrement bien connus dans le contrôle des contractions musculaires volontaires : l'Inhibition Réciproque Ia, liée aux **Interneurones Ia** et l'Inhibition Récurrente de Renshaw, liée aux **cellules de Renshaw**.

1.4.1. Inhibition postsynaptique

Interneurones Ia et Inhibition Disynaptique Réciproque Ia

La contraction volontaire d'un muscle s'accompagne en général d'un relâchement des muscles antagonistes, non seulement par l'absence d'activation des MNs antagonistes mais aussi par un processus inhibiteur intramédullaire actif, appelé inhibition réciproque, postulé par Charles Sherrington dès 1906. Les interneurones inhibiteurs Ia reçoivent les signaux des fibres afférentes Ia à partir des fuseaux neuromusculaires d'un muscle agoniste et envoient leurs axones vers les motoneurones α qui contrôlent le muscle antagoniste, participant ainsi à l'inhibition réciproque Ia.

Les fibres Ia ont donc, parallèlement aux projections excitatrices sur les MNs α homonymes et synergistes, des projections inhibitrices sur les MNs α antagonistes (Figure 8). Cette boucle spinale peut être étudiée chez l'homme par une méthode électrophysiologique, le réflexe H, notamment au niveau du muscle soléaire après stimulation percutanée du nerf tibial postérieur (Hoffman, 1918). Le réflexe H est un outil qui a été utilisé pour mesurer les variations d'excitabilité des MNs. Chez les sujets sains, une contraction volontaire de flexion dorsale de cheville est accompagnée par une inhibition active du réflexe H du soléaire, muscle du mollet extenseur de cheville (Hoffmann, 1918 ; Paillard, 1955).

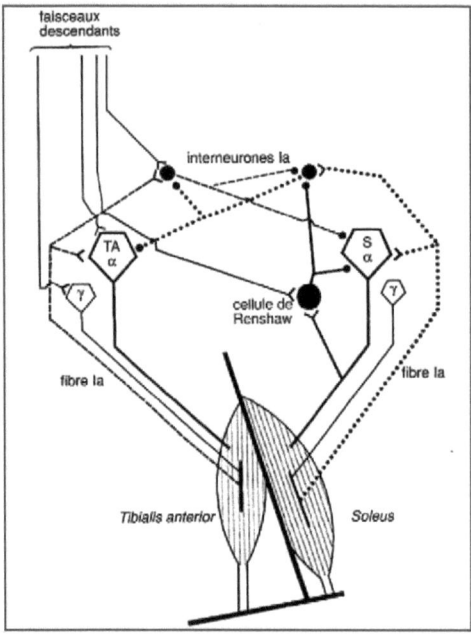

Figure 8. Circuits de l'inhibition réciproque et récurrente. Les circuits correspondent à deux muscles antagonistes, le soléaire (soleus) et le tibial antérieur, sont pris à titre d'exemple. Le corps cellulaires des MNα du soléaire (Sα) et du tibial antérieur (TAα) de même que ceux des motoneurones gamma (γ) sont schématisés sous forme de pentagones vides. Les interneurones inhibiteurs sont représentés sous forme de cercles pleins. Les interneurones Ia inhibent à la fois les MNα antagonistes et les interneurones Ia antagonistes. On note que les interneurones de Renshaw, activés par les MNα du soléaire, ont, en dehors de leur action inhibitrice récurrente, une action inhibitrice sur les interneurones Ia provenant de ce muscle et donc facilitatrice des cocontractions de l'antagoniste. Enfin l'action des fibres descendantes s'exerce sur l'ensemble des motoneurones et interneurones (d'après Pierrot-Deseilligny et Burke, 2005).

Cellules de Renshaw et Inhibition Récurrente de Renshaw

Le rôle des cellules de Renshaw est la régulation de la contraction, permettant la transmission de faibles stimulations motoneuronales, tout en limitant une activité excessive des motoneurones, pouvant entraîner des contractions convulsives. Le rôle qui leur est attribué est de moduler le gain de toute activité motrice au niveau de la voie finale commune (Hultborn et Pierrot-Deseilligny, 1979).

L'inhibition récurrente des MNs, décrite par Renshaw (1941) est l'exemple le plus connu de circuit à rétroaction négative du contrôle volontaire de la contraction musculaire dans le SNC.

La Figure 8 montre que les axones moteurs donnent naissance à des collatérales récurrentes cholinergiques, qui activent ces cellules de Renshaw glycinergiques, qui inhibent en retour des MNs voisins (Eccles et al., 1954). L'activation des MNs d'un muscle donné provoque une inhibition récurrente des MNs α homonymes (auto-inhibition) et synergistes (Hultborn et al., 1971a ; Eccles et al.,1954). Ces cellules de Renshaw forment également à la fois des synapses inhibitrices avec les motoneurones gamma des muscles synergistes, et avec les interneurones transmettant l'inhibition réciproque Ia provenant du muscle activé (inhibitrice des muscles antagonistes) au muscle antagoniste et reçoivent enfin des influx descendants.

Les cellules de Renshaw inhibent les interneurones Ia dirigés vers le muscle antagoniste aussi fortement que les MNs α (Hultborn et al., 1971a). Cette inhibition est beaucoup plus importante lors d'une contraction phasique du triceps que lors d'une contraction tonique de la même force, le risque étant de déclencher un réflexe du tibial antérieur (Hultborn et Pierrot-Deseilligny, 1979). En contrôlant les deux éléments de l'unité fonctionnelle formée par les MNs α et les interneurones Ia, les cellules de Renshaw peuvent donc moduler en parallèle la force musculaire et l'inhibition active des antagonistes au cours du mouvement.

Des études de l'inhibition récurrente chez l'homme réalisées par la méthode de conditionnement du réflexe H (Pierrot-Deseilligny et al., 1976) au cours de contractions volontaires toniques exécutées par le triceps sural, ont montré que l'inhibition dirigée vers les MNs du soléaire varie systématiquement avec la force de la contraction, en la contrôlant (Hultborn et Pierrot-Deseilligny, 1979). Ces influx seraient facilitateurs lors des contractions de faible intensité (Katz et al., 1982) pour ajuster finement la contraction, et au contraire inhibiteurs lors de contractions de plus forte intensité, afin de réguler le développement d'une force importante (Hultborn et Pierrot-Deseilligny, 1979).

Organes tendineux de Golgi et Inhibition Ib

D'autres récepteurs sensoriels jouent un rôle important dans la régulation de la force musculaire, ce sont les Organes Tendineux de Golgi (OTG), terminaisons encapsulées situées à la jonction des muscles et des tendons. Les OTG sont des récepteurs sensibles à la contraction musculaire, dont la réponse à des changements passifs de longueur musculaire est petite en comparaison (Houk et Henneman, 1967). L'inhibition non-réciproque Ib, anciennement appelée inhibition autogénétique car elle agit comme rétrocontrôle sur le muscle qui lui donne naissance (Laporte et Lloyd, 1952), est transmise à partir des OTG par des afférents de gros diamètre du groupe I vers un interneurone inhibiteur appelé Ib (Eccles et al, 1957). La stimulation en provenance d'un extenseur, comme le quadriceps, entraîne une inhibition des MNs innervant tous les extenseurs du membre (quadriceps, grand fessier, triceps) et une facilitation des motoneurones innervant les muscles fléchisseurs (Eccles et al., 1957). Cependant l'effet Ib est facilitateur sur les motoneurones fléchisseurs d'où le concept d'inhibition non-réciproque (Harrison et Jankowska, 1985).

Lors de contractions musculaires intenses (impliquant le tendon), la forte décharge Ib résultante tend à inhiber les MNs responsables de la contraction, servant donc de régulateur de la tension musculaire (Houk et Henneman, 1967). Chez l'homme, le circuit de l'inhibition Ib du triceps vers les MNs homonymes du triceps est profondément déprimé au cours d'une contraction volontaire de ce muscle par rapport à ce qu'il est au repos (Pierrot-Deseilligny et Burke, 2005).

1.4.2. Inhibition présynaptique

L'inhibition présynaptique est établie depuis Frank et Fuortes (1957), qui ont décrit chez l'animal une dépression des potentiels postsynaptiques excitateurs Ia sans modification du potentiel de membrane du motoneurone ou de sa conductance. Cette dépression est causée par une dépolarisation des terminaisons des fibres afférentes Ia (Eccles et al, 1961). C'est donc une synapse excitatrice qui agit sur la membrane axonale présynaptique près de la fente synaptique (Figure 9). La dépolarisation de la terminaison Ia qui en résulte se traduit par une diminution de la quantité de transmetteur libérée par les terminaisons Ia, donc une réduction de l'amplitude des potentiels excitateurs engendrés par les fibres Ia (Wall, 1958).

L'inhibition présynaptique est transmise par des interneurones sur lesquels convergent de nombreuses voies afférentes et descendantes qui peuvent la renforcer ou l'inhiber. Les influx Ia responsables du réflexe monosynaptique peuvent donc être modulés par l'inhibition présynaptique avant d'avoir atteint les MNs (Eccles et al., 1962). Hultborn et collaborateurs ont proposé une technique pour mesurer spécifiquement l'inhibition présynaptique : le stimulus conditionnant est appliqué à un nerf hétéronyme, évitant ainsi toute contamination par la dépression homosynaptique, liée elle à une déplétion directe du neurotransmetteur lors de la stimulation répétée du nerf homonyme (Hultborn et al, 1987 ; Burke et Ashby, 1972).

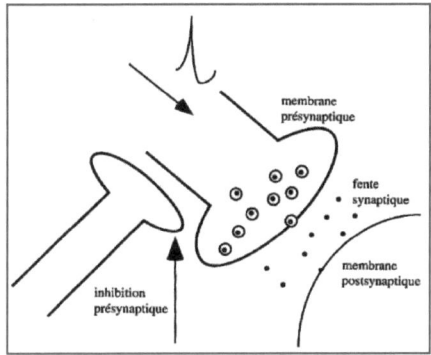

Figure 9. Inhibition présynaptique. L'inhibition présynaptique agit de façon sélective sur certaines synapses. Elle fait intervenir une synapse excitatrice qui, en agissant sur la membrane présynaptique, provoque une dépolarisation stable, inférieure au seuil. Ainsi la quantité de médiateurs libérée est plus faible en réponse à un potentiel d'action présynaptique unique (d'après Latash, 2002).

1.5 Régulation de la force musculaire

La régulation de la force musculaire dépend à la fois de certains paramètres internes à la contraction musculaire liés au niveau d'excitation et de paramètres externes liés au type de contraction musculaire et d'éléments de mécanique comme la longueur du muscle et la vitesse de contraction.

1.5.1. Régimes internes de contraction musculaire : niveau d'excitation musculaire

Le niveau d'excitation est obtenu par deux moyens : l'augmentation ou la diminution du nombre des unités motrices actives (ou recrutement spatial), et par la fréquence de décharge des motoneurones (ou recrutement temporel). Cette activité émissive des MNs dépend elle-même de la commande centrale reçue par les voies descendantes.

Nombre d'unités motrices

Dans les années 1960, Elwood Henneman et ses collègues de la Harvard Medical School ont constaté que l'augmentation graduelle des tensions musculaires résulte du recrutement incrémentiel d'UM selon un ordre fixe fondé sur une vitesse croissante de conduction de leur axone moteur. La vitesse de conduction d'un axone étant fonction de son diamètre et celui-ci étant corrélé avec la taille du corps cellulaire, Henneman en a déduit, que dans un groupe de motoneurones, les plus petits doivent avoir le seuil de décharge le plus bas et être les seuls à décharger sous l'effet d'excitations synaptiques faibles. Quand le bombardement synaptique s'accroît, il recrute des motoneurones de plus en plus gros (Henneman et al., 1965).

Dans le groupe des motoneurones d'un muscle donné, les unités S ont, en moyenne un soma de petite taille et une faible vitesse de conduction alors que le FF ont, comparativement, des corps cellulaires plus gros et des vitesses de conduction plus rapides (les unités FR ont des caractéristiques intermédiaires). Donc, les unités S sont recrutées en premier, puis les unités FR et enfin les FF. Cette relation est aujourd'hui connue sous le nom de **principe de taille**. Ce phénomène a été bien confirmé et illustré dans les unités motrices du muscle gastrocnémien du chat par Walmsley et collaborateurs (1978) qui ont mis en évidence une participation différente d'UM de types différents à la production de la force musculaire selon la tâche. Des UM lentes interviennent dans la production de force pour le maintien de la station debout : des UM rapides résistantes à la fatigue, entrent en jeu pour fournir la force nécessaire à la marche et à la course. Et enfin, des UM rapides et fatigables sont recrutées pour les activités les plus ardues comme le galop ou le saut (Figure 10, d'après Walmsley et al., 1978).

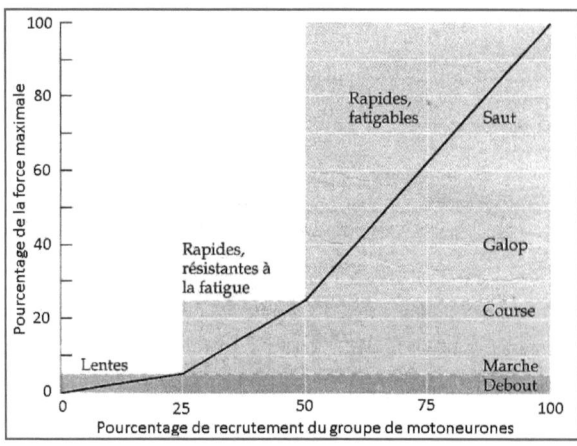

Figure 10. Recrutement des motoneurones du muscle gastrocnémien médial dans différentes conditions. Les UM lentes fournissent la force nécessaire au maintien de la station debout. Les UM rapides, résistantes à la fatigue entrent en jeu pour fournir la force nécessaire à la marche et à la course. Les UM rapides et fatigables sont recrutées pour les activités ardues (d'après Walmsley et al., 1978).

Fréquence de décharge

La fréquence de décharge des motoneurones contribue également à la régulation de la tension musculaire. L'augmentation de force qui accompagne l'augmentation de la fréquence de décharge est expliquée par la sommation de contractions musculaires successives : les fibres musculaires se re-contractent sous l'effet d'un nouveau potentiel d'action avant de s'être complètement relâchées (Figure 11, d'après Purves et al., 1999).

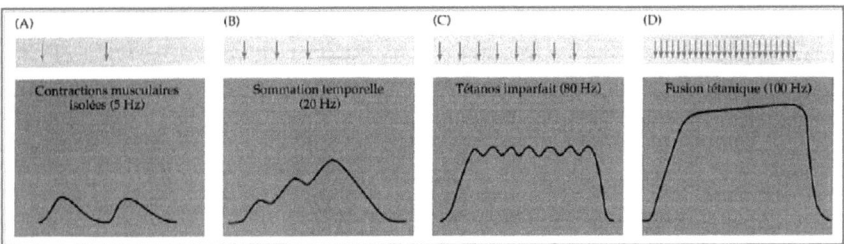

Figure 11. Effet de la fréquence de stimulation sur la tension musculaire. (A) Aux fréquences de stimulation peu élevées, chaque potentiel d'action provoque une contraction unique de la fibre musculaire. (B) Aux fréquences plus rapides, les contractions se somment et fournissent une tension plus élevée que celle des contractions uniques. (C) Aux fréquences de stimulation encore plus hautes, la force est plus grande mais les contractions individuelles restent apparentes. Ce type de réponse est dit tétanos imparfait. (D) Aux fréquences les plus élevées d'activation des motoneurones, les contractions individuelles ne sont plus visibles - c'est la fusion tétanique (d'après Purves et al., 1999).

Aux fréquences de décharges les plus élevées, les fibres musculaires sont en état de fusion tétanique ou tétanos (Figure 11D), ce qui signifie que la tension produite par chaque unité ne présente plus les hauts et bas correspondant aux contractions successives déclenchées par les potentiels d'actions de son motoneurone mais atteint un plateau. La tension tétanique définit la **force maximale du muscle**. D'un muscle à l'autre, la fréquence dépend du temps de contraction des fibres constituant le muscle considéré. Chez l'homme, les fréquences de décharge les plus basses surviennent lors de mouvements volontaires ; elles sont de l'ordre de 8 Hz dans le muscle extenseur commun des doigts (Monster et Chan, 1977 et peuvent aller jusqu'à un maximum de 25Hz. Pour un muscle riche en fibres de type rapide, les fréquences de décharges peuvent aller jusqu'à 350 Hz dans certaines circonstances (Bouisset et Maton, 1995).

33

La manifestation externe de la contraction musculaire est le développement d'une tension, qui tend à rapprocher entre elles les deux extrémités du muscle. Si l'une des extrémités est fixe, la tension tend à en rapprocher l'extrémité restée libre. De la valeur relative de la tension musculaire et de la résistance extérieure appliquée à l'extrémité libre dépend le fait qu'il y ait ou qu'il n'y ait pas mouvement Trois modalités de contraction sont considérées: la contraction isométrique, concentrique et excentrique. La contraction est dite **isométrique** ou statique lorsque la longueur du muscle demeure inchangée (Figure 12A). La résistance extérieure est égale à la tension musculaire et il n'y a pas de mouvement externe. Dans le mode contraction **concentrique**, la longueur du muscle diminue et donc les insertions du muscle se rapprochent l'une de l'autre (Figure 12B) car la résistance extérieur est inférieur à la tension musculaire.

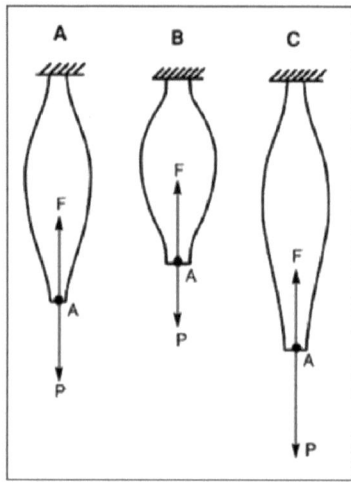

Figure 12. Modalités de contraction musculaire. F, tension développée par le muscle selon sa ligne d'action, P, résistance appliquée à son extrémité distale selon la direction opposée à F. A, Condition isométrique. B, Condition concentrique. C, Condition excentrique (d'après Bouisset et Maton, 1995 modifié).

Enfin, dans le mode de contraction **excentrique**, le muscle s'allonge et les insertions du muscle s'éloignent (Figure 12C) car la résistance est supérieure à la tension musculaire. Lors de nos activités quotidiennes, comme par exemple la marche, les muscles présentent souvent des alternances entre ces trois modes de contraction et une contraction en raccourcissement peut immédiatement survenir après une contraction en allongement.

Depuis les travaux de Hill en 1950, qui étudia le comportement mécanique du muscle isolé et activé de manière maximale, la mécanique du muscle est représentée dans un modèle fonctionnel à trois composantes : une composante contractile (CC) qui est le siège de la transformation d'énergie chimique en énergie mécanique, une composante élastique en série (CES), qui transfère la force développée aux segments osseux et une composante élastique en parallèle (CEP), qui maintient la longueur du muscle en situation passive et permet d'augmenter la force de contraction en situation d'étirement important du muscle (Figure 13).

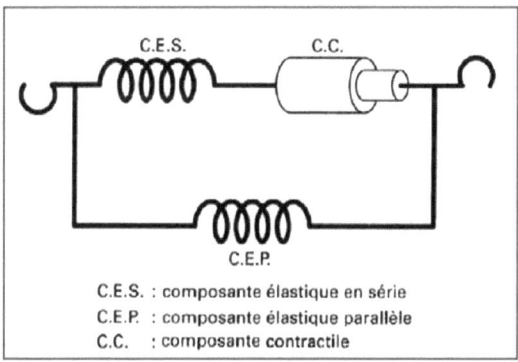

Figure 13. Schéma du modèle de Hill à trois composants (d'après Dalleau et Allard, 2009).

Effet de la longueur

Même non activé, un muscle oppose une résistance à son propre étirement. Au-delà de sa longueur de repos, l_0, le muscle résiste à son étirement. On doit appliquer une force de plus en plus importante au fur et à mesure qu'on cherche à l'allonger. Cette résistance passive est attribuée à la composante élastique en parallèle (CEP). La CEP se comporte comme un ressort qui exerce une force quasi proportionnelle à son étirement. Si le muscle est activé, toujours en situation isométrique, elle développe une force dépendante de sa longueur. Autour de sa longueur de repos, la force varie de façon parabolique en fonction de la longueur à laquelle le muscle est maintenu. La force a sa valeur maximale à une longueur correspondante à la longueur de repos. Par contre lorsqu'on impose des longueurs bien supérieures à la longueur de repos, la force augmente à nouveau («avantage mécanique maximal»). La forme parabolique est interprétée par la théorie des filaments glissants (Huxley et Hanson, 1959) décrite au préalable (1.3.2). L'accroissement de la force pour des longueurs importantes est expliqué par l'intervention de la CEP. Lorsque les compartiments passifs (muscle non excité) et actifs sont associés (figure 14AB), on obtient l'évolution de la force totale (figure 14C). A chaque valeur de longueur pour laquelle est testée la force isométrique, la force passive s'additionne à la force active.

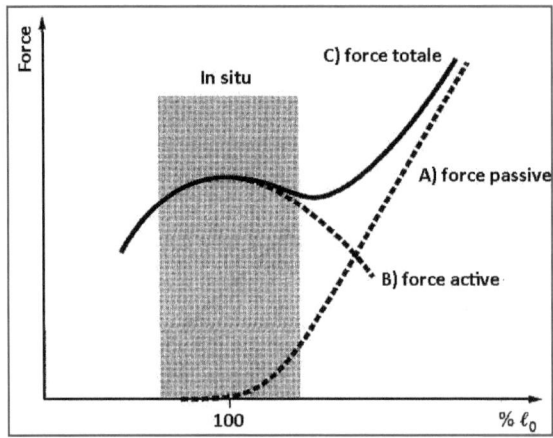

Figure 14. Relation force longueur du muscle. La longueur est exprimée en pourcentage de la longueur de repos. A, Force passive exercée par les composantes élastiques. B, Force active exercée par la composante contractile. C, Force totale exercée par l'ensemble du muscle (d'après Dalleau et Allard, 2009).

Relation entre l'angle articulaire et la longueur musculaire

Lorsque l'on étudie le mouvement humain in situ, la relation longueur-tension est plus facilement mesurable si on connait la relation angle articulaire-longueur musculaire. Il s'agit de la même relation qui est liée à des données tant anatomiques (variations de taux de chevauchement des myofilaments de chaque sarcomère, distance du point d'insertion musculaire à l'axe de rotation articulaire) que biomécaniques (bras de levier du muscle par rapport à l'axe de rotation, donc l'angle de l'articulation).

L'angle de l'articulation conditionne les effets de la tension musculaire sur le mouvement du segment osseux auquel il s'attache. La force développée peut être décomposée en deux composantes vectorielles, une projetée sur l'axe longitudinal du segment osseux et l'autre perpendiculaire (Figure 15). La première composante (F_C) est appelée composante de coaptation car elle tend à bloquer l'articulation. Elle contribue à plaquer les surfaces articulaires l'une contre l'autre. La seconde composante (F_R) est appelée composante de rotation car elle crée un couple à l'articulation. En fonction de l'angle articulaire, une même force donnera donc des composantes de coaptation et de rotation différentes (Figure 15).

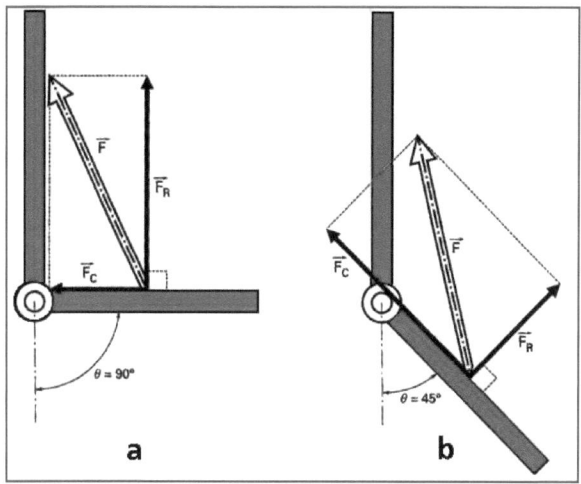

Figure 15. Composante de rotation et de coaptation de la force musculaire. Effet de l'angle articulaire sur les composantes de rotation et de coaptation pour un angle de a) 90° et b) 45° (d'après Dalleau et Allard, 2009, modifié).

Le couple (moment) articulaire dépend de l'intensité de la force et du bras de levier :

$$\overrightarrow{Marticulaire} = \overrightarrow{OartP} \wedge \overrightarrow{F}$$

Il est exprimé en Newton mètre (m). Le moment articulaire est alors maximal pour un angle de 90° (Figure 15a) et diminue si l'angle est réduit (Figure 15b), tandis que la composante de coaptation augmente. Les valeurs de la force maximale volontaire d'un sujet vont ainsi fortement dépendre de l'angle articulaire. Il existe un angle permettant de développer un couple maximal qui varie selon les muscles considérés.

Effet de la vitesse, relation force-vitesse

Le muscle développe également une force qui varie en fonction de la vitesse de raccourcissement. La force ou tension musculaire décroît en fonction de la vitesse. La vitesse maximale de raccourcissement d'un muscle soumis à une excitation tétanique dépend de la charge soulevée. Cette vitesse est maximale pour une charge nulle ; elle devient nulle quand la charge correspond à la tension isométrique. La forme de la relation force-vitesse n'est pas identique d'une fibre musculaire à une autre ni d'une espèce animale à une autre. Les fibres musculaires rapides (Fast) ont une force maximale et une vitesse maximale respectivement supérieures à celles des fibres lentes (Slow).

1.5.2   Autres facteurs influant sur la force

La force maximale volontaire (FMV), qui est la plus grande force isométrique développée par le sujet, dépend du groupe musculaire considéré. Pour un groupe musculaire donné, elle est fonction de nombreux facteurs physiologiques et psychologiques. Cependant pour un muscle donné, la force maximale est proportionnelle à la section du muscle (entre 20 et 90 N/cm^2 de muscle ; on admet la valeur moyenne de l'ordre de 50N/cm^2) et ce, indépendamment de la proportion de fibres de type I et II (Bouisset et Maton, 1995).

Dans les facteurs physiologiques influant sur la force maximale, on retrouve : l'âge, le sexe et la latéralité. La force augmente jusqu'à 20 ans et tend à décroître à partir de 25 ans. Chez le sujet âgé, on assiste à une fonte progressive de la masse musculaire liée à la dégénérescence de certaines fibres (sarcopénie). Chez les femmes, la force s'établit à 55-80%, selon les muscles, par rapport à la force des hommes du même âge. La latéralité se caractérise par des valeurs de 5 ou 6% supérieures du coté dominant pour le membre supérieur et de 8 à 9% pour le membre inférieur (Monod, 1972). La production de la force maximale dépend aussi de facteurs psychologiques en rapport avec la motivation du sujet. Il est prouvé que lors d'expérimentations, les encouragements verbaux amènent le sujet à réaliser des performances supérieures aux valeurs témoins (Sahaly et al., 2003).

D'un point de vue biomécanique, la force issue d'une contraction musculaire, ou plus précisément le couple externe, est la somme des couples exercés par les différents muscles venant mobiliser le segment articulaire désiré. Dans l'organisme humain intact, il reste pratiquement impossible de mesurer directement la force exercée par chaque muscle. Le couple externe développé par un de ces muscles, par exemple le biceps brachial au niveau du membre supérieur, est alors désigné comme le «muscle équivalent» (Bouisset, 1973). Une telle démarche n'est valable que dans la mesure où l'activité de ce muscle peut être considérée comme représentative de l'activité du groupe musculaire auquel il appartient. Les résultats obtenus au niveau du biceps brachial peuvent donc être appliqués aux autres fléchisseurs du coude et en particulier au brachial antérieur et au brachioradialis.

1.6 Contraction musculaire et marche

1.6.1   *Caractéristiques spatio-temporelles*

La marche est constituée d'une série d'événements répétés par chaque membre inférieur appelée «cycle de marche», pour déplacer le corps vers l'avant tout en maintenant l'équilibre (Murray et al., 1964 ; Perry, 1992). Chaque cycle de marche est divisé en deux phases: une phase d'appui et une phase d'oscillation. Pendant que l'un des membres est en contact avec le sol (phase d'appui), l'autre oscille et vient se placer en avant du précédent (phase d'oscillation). Toutefois, pendant un certain laps de temps, les deux membres inférieurs servent simultanément d'appui (phase de double appui, Figure 16).

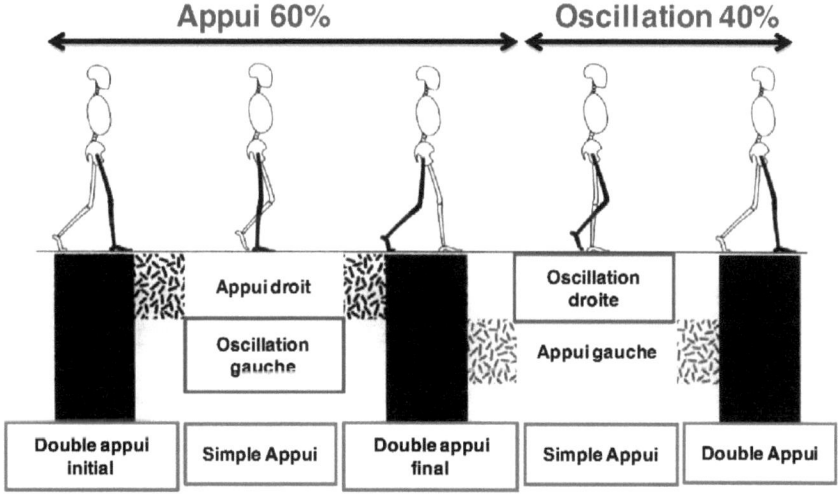

Figure 16. Phases du cycle de marche (d'après Perry, 1992).

Le cycle de marche a aussi été identifié par le mot 'de double pas' ou 'enjambée' (ou stride, Murray et al., 1964) qui est l'intervalle de temps au cours duquel l'un des membres inférieurs présente une phase d'appui et une phase d'oscillation. Le pas simple (step) ne représente que la demi-période (Figure 17).

39

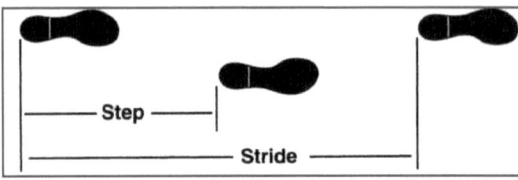

Figure 17.Longueur du pas (Step) et longueur d'enjambée (Stride), (d'après Perry, 1992).

La longueur de l'enjambée (stride length), est la distance qui sépare un point fixe du même pied entre deux appuis successifs de celui-ci ; la cadence est le nombre de pas/seconde, la vitesse moyenne d'un point du sujet est exprimée en mètres/secondes et peut être calculée par le rapport de la distance parcourue par le point au temps employé pour la parcourir.

De nombreuses études ont été consacrées à la détermination de ces différents paramètres. La durée précise de chaque cycle de marche varie avec la vitesse de déplacement de chaque personne (Andriacchi et al., 1977). A une allure de marche de 80m/minute (1,33 m/sec), la période d'oscillation occupe environ 40% du cycle de marche (Murray et al., 1964) et la période de contact du pied au sol 60% du cycle (Figure 16). Les durées des deux périodes montrent une relation inverse avec la cadence et la vitesse de marche, étant plus courtes dès que la vitesse et la cadence augmentent et inversement (Murray et al., 1964).

La cadence est un paramètre assujetti à une variation interindividuelle, étant sensible à la taille et à l'âge du sujet. De même, la longueur du pas constitue une caractéristique individuelle, étant proportionnelle à la taille, et relativement plus faible chez les personnes âgées. Cadence et longueur du pas sont en relation linéaire entre 1,3 et 2 pas/sec : l'augmentation de la vitesse résulte d'un accroissement en proportion égale de la cadence et de la longueur du pas (Andriacchi et al., 1977 ; Murray et al.,1984 ; Bohannon et al., 1987).

1.6.2   PHASE D'OSCILLATION : Caractéristiques cinématiques et musculaires

La phase d'oscillation est le temps allant du décollement des orteils (toe-off) au contact du talon au sol du pied (heel-strike). Cette phase permet l'avancée du membre oscillant sans qu'il y ait contact avec le sol. Perry (1992), y distingue trois temps :

1. La phase de *début d'oscillation* (60 à 73% du cycle de marche, Figure 18a) correspondant au premier tiers de la phase d'oscillation. Elle débute avec le décollement des orteils et se termine quand le pied dépasse le pied controlatéral. Elle correspond à l'essentiel de la flexion active de hanche et à la flexion passive du genou.

2. La phase de *milieu d'oscillation* (73 à 86% du cycle de marche, Figure 18b) correspondant au deuxième tiers de la phase d'oscillation. Elle se termine quand le tibia est vertical. Elle correspond à la première moitié de la réextension active du genou.

3. La phase de *fin d'oscillation* (86 à 100% du cycle de marche, Figure 18c) correspondant au troisième tiers de la phase d'oscillation. Elle se termine lorsque le pied entre à nouveau en contact avec le sol.

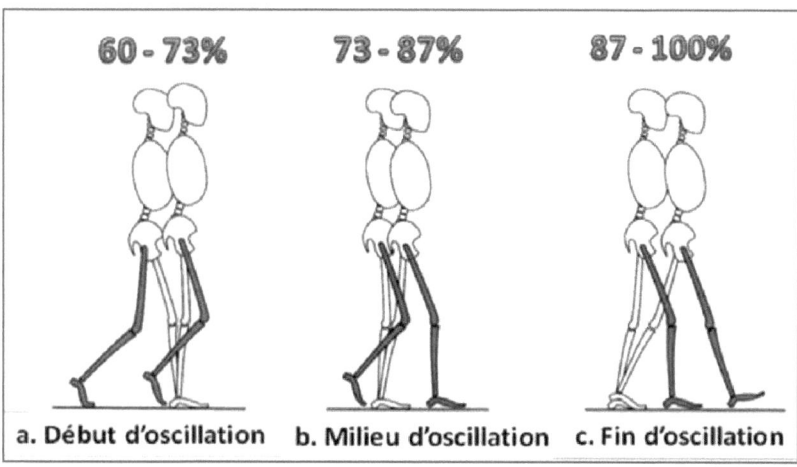

Figure 18. Trois temps de la phase d'oscillation (d'après Perry, 1992).

Caractéristiques cinématiques

La réalisation de la phase d'oscillation requiert certaines spécificités physiques : le pied doit être transporté en avant et le membre inférieur doit se raccourcir suffisamment pour permettre au pied oscillant de ne pas toucher le sol.

Les caractéristiques cinématiques permettant ces tâches sont : la flexion active de la hanche dans la première partie de la phase d'oscillation ; la flexion essentiellement passive du genou le long du premier quart de la phase d'oscillation, puis son extension jusqu'à avant l'attaque du talon au sol ; la flexion dorsale de la cheville qui commence juste après le décollement des orteils, atteignant son pic maximal au milieu de la phase d'oscillation. Cette position est maintenue au cours du reste de la phase d'oscillation (Figure 19).

La séquence temporelle de ces caractéristiques cinématiques chez le sujet sain semble être invariante (Winter, 1991) ; elle reflète peut-être la précision nécessaire pour balancer le pied à travers des vitesses élevées et passer à moins de quelques centimètres du sol.

Caractéristiques musculaires de la phase d'oscillation

Contrairement à la phase d'appui qui est caractérisée par une activité musculaire très prononcée, le travail musculaire lors de la phase d'oscillation est très peu marqué. Incluant une interaction complexe principalement dépendante du mouvement et des moments gravitationnels, le mouvement de la jambe d'oscillation est essentiellement de nature pendulaire, dépendant peu des moments musculaires (Mena et al., 1981 ; Moore et al., 1993). Le marcheur en appui sur un seul pied se comporte comme un pendule inversé accroché par le pied et mobile autour de la cheville.

Le contrôle de la cheville est le seul secteur qui requiert une action musculaire persistante de la phase d'appui à la phase d'oscillation de la marche (Mena et al., 1981 ; Perry, 1992). En effet, bien que les moments musculaires nets soient petits

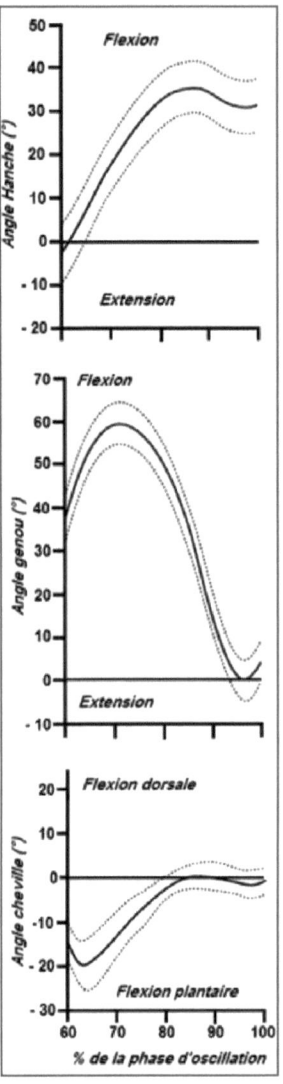

Figure 19. Phase d'oscillation : mouvements de hanche, genou et cheville (d'après Perry, 1992 modifié).

lors de la phase d'oscillation, les enregistrements EMG du tibial antérieur montrent des pics d'activités au début et à la fin de la phase d'oscillation (Shiavi et al., 1987, Winter et Yack, 1987). Le muscle tibial antérieur produit probablement un moment de flexion dorsale qui limite

42

l'accélération de la cheville en flexion plantaire sous l'influence de la dynamique du mouvement dans la phase d'oscillation (Mena et al., 1981).

Au moment du décollement des orteils, les fléchisseurs dorsaux doivent agir pour dégager le pied. Le muscle tibial antérieur (avec les autres fléchisseurs dorsaux) peut être considéré comme le seul acteur distal lors de la phase d'oscillation. L'intensité de l'activité des muscles antagonistes (gastrocnémiens et soléaire) est très modérée pendant le temps d'oscillation où le membre est en train de rouler sur un pied stationnaire ; cependant, ils semblent intervenir pour empêcher tout mouvement inutile de flexion dorsale excessive (Falconer et Winter, 1995 ; Perry, 1992). Une telle activité est probablement sous le contrôle de mécanismes médullaires (Falconer et Winter, 1995). La minimisation de la contraction antagoniste serait un moyen de limiter la dépense énergétique lors de la marche (Perry, 1992). L'intensité de l'action musculaire spécifique du tibial antérieur diffère selon les trois temps de la phase d'oscillation (Figure 20abc) :

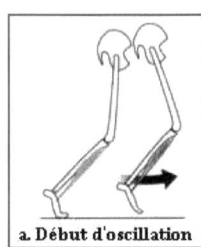
a. Début d'oscillation

60-73%. Début d'oscillation

Les actions survenant pendant le début de l'oscillation sont assignées à faciliter la progression en avant du pied. A la cheville, cela implique le lever du pied pour le libérer du sol et aider l'avancement du membre. Au moment du lever des orteils (toe-off), qui signifie le début de la phase d'oscillation, la cheville est à 20° de flexion plantaire. Afin d'inverser le mouvement de la cheville en flexion dorsale, le tibial antérieur augmente rapidement son intensité d'action atteignant 25% de la force maximale testée manuellement au sein des premiers 5% de l'oscillation (Perry, 1992). Ceci soulève le pied presque jusqu'en position neutre (5°FP).

73-87%. Milieu d'oscillation

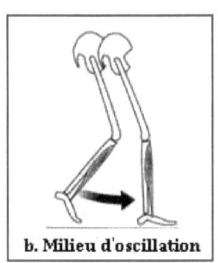
b. Milieu d'oscillation

Au fur et à mesure que le tibia s'approche de la verticalité, il y a la génération d'un couple à la cheville due à l'action de la pesanteur sur le pied. Le tibial antérieur et l'extenseur long de l'hallux répondent en augmentant leur action jusqu'à un pic de 40% de la force maximale testée manuellement.

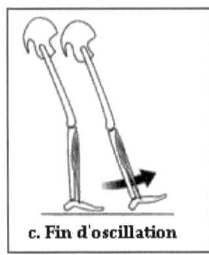

c. Fin d'oscillation

87-100%. Fin d'oscillation

L'augmentation de l'action des muscles prétibiaux pendant la fin de la phase d'oscillation s'oppose à la résistance progressive de la CEP des gastrocnémiens qui subissent un allongement progressif avec la réextension du genou, pour assurer le maintien de la position neutre de cheville avec un contact optimal du talon sur le sol avec 3-5° de baisse en flexion plantaire.

Figure 20. Activité musculaire du tibial antérieur au cours des trois temps de la phase d'oscillation (d'après Perry, 1992).

L'inertie du pied pendant que le tibia est activement avancé, puis la résistance passive des gastrocnémiens en allongement, sont les stimuli probables de l'augmentation de l'effort musculaire du tibial antérieur (Mena et al., 1981 ; Perry, 1992 ; Moore et al., 1993). L'activité musculaire de la fin de l'oscillation prépare aussi les muscles prétibiaux pour les demandes musculaires de la phase de mise en charge à venir.

RESUME

*La contraction d'un muscle permettant de réaliser un mouvement volontaire fait appel à des commandes cérébrales élaborées. Pour déclencher le mouvement, le **cortex moteur** reçoit des informations de plusieurs autres régions cérébrales qui le renseignent sur le mouvement à effectuer : sens, vitesse, position du corps. Le cortex moteur analyse ces informations et les traduit sous forme d'un signal appelé **influx nerveux** qui voyage le long de l'axone du neurone pyramidal pour parvenir jusqu'au **motoneurone**. L'ensemble que constitue un motoneurone et les fibres musculaires qu'il innerve est appelé **unité motrice**.*

*A la **jonction neuromusculaire,** point de rencontre entre la terminaison du motoneurone et la fibre musculaire, le signal électrique déclenche la libération de neurotransmetteurs. Ces derniers traversent l'espace entre le neurone et la fibre musculaire puis se lient à des récepteurs déclenchant un enchaînement de phénomènes électriques qui se propagent à la surface de la **fibre musculaire**. Ces phénomènes électriques provoquent la libération d'ions qui se déplacent jusqu'à la structure responsable de la contraction : une mosaïque de myofilaments fins formés d'**actine** et de myofilaments épais formés de **myosine**. Stimulés, les filaments glissent les uns sur les autres en se "resserrant", c'est la **contraction musculaire**.*

*Les muscles jouent le rôle d'**agonistes** quand leur contraction provoque le mouvement désiré, d'**antagonistes** quand ils produisent une action articulaire inverse à celle d'un agoniste. L'activation simultanée d'un agoniste et d'un antagoniste est appelée **cocontraction**. Plusieurs **relais interneuronaux** ont lieu au niveau de la moelle épinière modulent la contraction réciproque ou simultanée de l'agoniste et de l'antagoniste.*

La régulation de la force musculaire dépend du nombre et de la fréquence de décharge des unités motrices impliquées ainsi que des conditions mécaniques telles la longueur du muscle et la vitesse de contraction. D'autres facteurs physiologiques et psychologiques peuvent intervenir.

*La phase d'oscillation de la marche est caractérisée par une faible action musculaire, parce qu'il s'agit principalement d'un mouvement de nature pendulaire. A la cheville, le principal acteur musculaire est le **tibial antérieur**, qui est un fléchisseur dorsal dont le rôle est de faciliter l'avancement du membre. L'activité des muscles **gastrocnémiens et soléaire**, fléchisseurs plantaires (antagonistes) est minime, servant entre autres de stabilisateur des os de la cheville.*

45

2) Contraction musculaire et force : quantifications dynamométrique, électromyographique et cinématique

L'exploration de l'activité motrice chez l'homme est surtout possible par l'enregistrement de ses expressions périphériques. L'enregistrement dynamométrique, électromyographique et le tracé biomécanique constituent trois aspects différents mais complémentaires de cette exploration.

2.1 Quantification dynamométrique du couple isométrique

Comme il a été vu précédemment, la force générée varie avec la position de l'articulation à l'étude, en fonction de la relation couple isométrique/angle, et avec la position des articulations adjacentes. Pour mesurer de façon reproductible la force musculaire, ou couple isométrique, le dispositif doit donc standardiser la position du sujet afin que les angles entre les principaux segments corporels soient, autant que possible, semblables d'une mesure à l'autre.

Les dispositifs les mieux conçus à ce jour sont des systèmes dynamométriques dits «d'évaluation isocinétique» dont le principe, reposant sur une mesure de la contraction à vitesse constante, a été mis au point par Hislop et Perrine (1967). Ces systèmes dotés de capteurs de force (jauges de contrainte ou dynamomètres), permettent de déterminer des mesures du couple créé par la force musculaire et par son bras de levier au niveau de l'axe dynamométrique. Bien que principalement concus pour contrôler la vitesse de raccourcissement ou d'allongement lors de contractions musculaires dynamiques, ils permettent également des mesures de la force musculaire en mode isométrique avec une bonne reproductibilé.

La quantification dynamométrique permet donc la mesure du moment musculaire net mobilisant une articulation, mais elle ne permet pas la distinction des parts respectives de chaque muscle impliqué. L'électromyographie peut alors offrir une analyse de chaque acteur musculaire agoniste et antagoniste, ainsi que de leur action concomitante (cocontraction musculaire) dans la production de force.

Lors d'une contraction musculaire, la fibre musculaire propage à sa surface une onde électrique appelée potentiel d'action. L'étude de ce phénomène électrique associée à la contraction musculaire est l'électromyographie. L'utilisation d'électromyogrammes (EMG) est centrale dans les sciences appliquées au mouvement et dans le milieu clinique, en particulier chez des personnes présentant une hémiparésie (Peat, 1976 ; Knutsson et Richards, 1979 ; Shiavi et al., 1987 ; Gracies et al., 2009).

Deux techniques existent : l'enregistrement EMG intramusculaire et l'enregistrement de surface. L'EMG intramusculaire réalisé par des électrodes à aiguilles placées à l'intérieur d'un muscle (Adrian et Bronk, 1929) fournit une mesure de l'activité électrique d'un nombre restreint d'unités motrices et représente donc une petite partie du muscle considéré. Compte tenu de son caractère invasif, cette technique est difficilement généralisable dans les études portant sur l'analyse du mouvement. A l'inverse, l'EMG de surface réalisé par des électrodes placées sur la peau en regard d'un muscle (Piper, 1912) permet l'enregistrement d'un volume plus conséquent et est donc davantage lié aux caractéristiques mécaniques du mouvement. L'EMG de surface a été le moyen utilisé dans ces travaux.

L'observation de l'EMG de surface permet, outre l'identification des muscles actifs et de leur niveau d'excitation, l'estimation de la force exercée par chaque muscle, que la seule connaissance des variables biomécaniques ne permet pas de déterminer. L'EMG de surface peut être aussi considéré comme une mesure de l'excitabilité d'un muscle car il est le reflet du nombre d'unités motrices actives et de leur taux de décharge (Cafarelli et Bigland-Ritchie, 1979). Associé à l'étude cinématique, il fournit un accès aux processus physiologiques qui déterminent la production du mouvement.

2.2.1 EMG de surface

L'EMG est réalisé par l'application de 2 électrodes actives dites de détection, placées le long de l'axe du muscle et d'une électrode inactive (terre). La quantité d'EMG enregistrée est la somme algébrique de tous les potentiels d'action des fibres musculaires activées entre les électrodes (Figure 21).

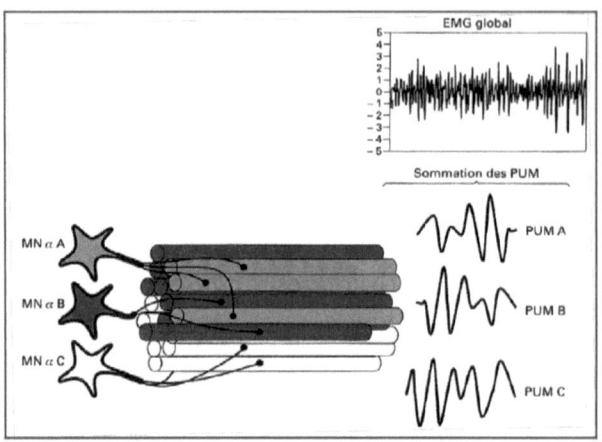

Figure 21. Constitution de l'EMG global de surface, résultant de la sommation des potentiels d'unités motrices - PUM (d'après Dalleau and Allard, 2009).

Cette valeur moyenne est dépendante de différents facteurs physiologiques, anatomiques et techniques. Selon la classification proposée par De Luca (1991), ces facteurs peuvent être subdivisés et résumés en facteurs extrinsèques et intrinsèques.

a) <u>Facteurs *extrinsèques*</u>. Ils sont associés à la structure des électrodes et leur placement sur la surface de la peau au-dessus du muscle. Ils comprennent : la largeur et la forme des électrodes de détection qui déterminent le nombre d'unités motrices actives détectées par rapport au nombre de fibres musculaires voisines ; la distance entre les électrodes ; le placement en regard des points moteurs du muscle et des jonctions myotendineuses, qui influence l'amplitude et la fréquence du signal ; le placement par rapport au bord latéral du muscle qui détermine le niveau de diaphonie (*cross-talk*) et enfin l'orientation des surfaces impliquées dans l'enregistrement, par rapport aux fibres musculaires qui peuvent affecter la valeur de la vitesse de conduction des potentiels d'actions et donc l'amplitude et la fréquence du signal.

b) <u>Facteurs *intrinsèques*</u>. Ils sont relatifs aux caractéristiques physiologiques, anatomiques et biomécaniques du muscle. Ils comprennent : le nombre d'unités motrices actives à un temps donné de contraction, qui contribue à l'amplitude du signal détecté ; le type des fibres musculaires qui composent le muscle, le diamètre des fibres musculaires, qui influence l'amplitude et la vitesse de conduction des potentiels d'action; la profondeur et l'emplacement

48

des fibres actives dans le muscle par rapport à la surface concernée par les électrodes et enfin la quantité et la composition du tissu entre la surface du muscle et les électrodes.

Outre les facteurs énoncés ci-dessus, la réception des signaux EMG peut être également altérée par le conditionnement du signal. En effet, les signaux EMG bruts sont de faibles amplitudes (quelques millivolts) et donc facilement contaminés par des bruits électroniques. L'application des électrodes et le conditionnement du signal doivent donc répondre à certains critères pour assurer une mesure fiable et protégée du bruit électronique.

2.2.2   De la chaine d'acquisition aux paramètres EMG exploitables

Dans la chaine d'acquisition et de traitement de signaux EMG, quatre différentes étapes sont nécessaires avant l'obtention finale de paramètres cliniquement interprétables : la configuration des électrodes, le conditionnement, l'acquisition et le traitement (Figure 22).

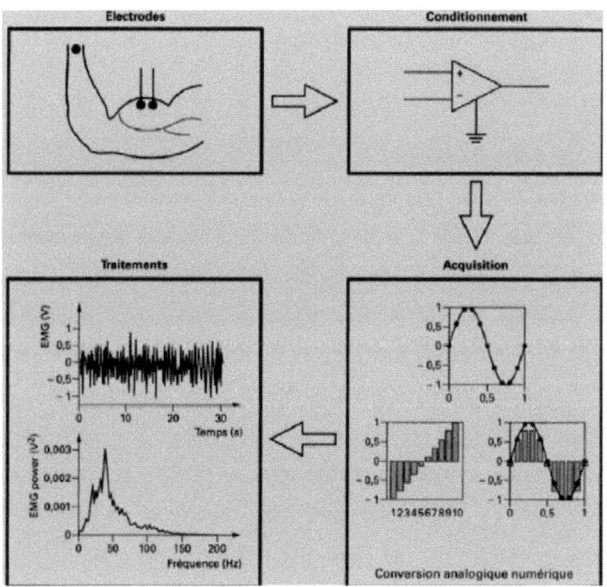

Figure 22. Chaine de mesure et de traitement du signal EMG (d'après Dalleau et Allard, 2009).

1. CONFIGURATION DES ELECTRODES

Une électrode est constituée par un ou plusieurs éléments conducteurs, isolés sur une surface plus ou moins grande. La partie non isolée, en contact avec la peau ou le muscle, constitue la surface de détection, appelée pôle de détection de l'électrode. Les électrodes utilisées pour l'EMG de surface sont dites cutanées, et permettent la détection d'une activité interférentielle, appelée activité globale ou de surface. Si l'on résume les facteurs extrinsèques, la valeur moyenne de l'EMG est dépendante de : a) la taille des électrodes, (b) la distance entre les électrodes et (c) la qualité du contact entre la peau et l'électrode (isolation muscle-électrode).

(a) Taille et fixation des électrodes

La taille des électrodes conditionne directement le volume musculaire enregistré et donc l'amplitude EMG. Plus les électrodes sont petites, plus la spécificité du placement est grande. La fixation des électrodes est primordiale pour l'étude du mouvement, de légers déplacements de l'électrode par rapport à la peau pouvant se traduire par des signaux parasites, dits artefacts de mouvement. La fixation peut être réalisée à l'aide de bandes adhésives ou élastiques, procédés simples et rapides mais ne garantissant pas entièrement la stabilité des électrodes pendant l'étude du mouvement.

(b) Distance entre les électrodes

La distance entre les électrodes déterminera le volume de muscle détecté. De grandes distances entre les électrodes augmentent le volume du muscle enregistré, augmentant ainsi le risque d'inclure dans l'enregistrement des muscles non désirés dans l'analyse, phénomène appelé diaphonie ou cross-talk. Ce phénomène est d'une importance particulière lors de la quantification de la cocontraction pouvant induire à des interprétations erronées (De Luca, 1997 ; Basmajian et Blumenstein, 1980). De petites distances inter-électrodes permettent donc de réduire le risque de diaphonie par un prélèvement d'EMG localisé, surtout lors de l'étude de coactivations musculaires (Basmajian et Blumenstein, 1980). Ces investigateurs, ainsi que Blanc (Blanc et Dimanico, 2010), ayant répétés des expériences de placement d'électrodes, chez les enfants et adolescents, ont validé les meilleurs sites pour l'EMG exprimés en pourcentage de la distance entre repères osseux permettant de limiter la diaphonie. Les électrodes sont donc placées sur des zones dites de diaphonie minimale, avec une taille et une distance inter-électrode les plus réduites possible.

(c) Isolation muscle-électrode

Avec les électrodes de surface, l'isolation entre le muscle et les électrodes doit être réduite au minimum. Si l'on applique une différence de potentiel constante aux extrémités d'un conducteur, celui-ci est le siège d'un courant électrique continu, c.à.d d'un déplacement d'électrons de l'extrémité chargée positivement (anode) à celle chargée négativement (cathode). Ce conducteur oppose au déplacement d'électrons une résistance R, appelée impédance, qui dépend de sa composition ionique, de sa longueur et de sa section. La distorsion du signal électrique entraînée par les électrodes est fonction de leur impédance. Pour un signal de fréquence donnée, l'impédance est d'autant plus élevée que la surface de détection est faible.

L'obtention d'une résistance électrodes-tissu de valeur convenable est essentiellement subordonnée, en ce qui concerne les électrodes de surface, à une préparation préalable de la peau. En effet la couche cornée, ainsi que les différentes sécrétions cutanées qui s'y accumulent, rendent la peau isolante. Il existe de multiples moyens pour diminuer la résistance de la peau. Par exemple, elle peut être frottée avec du papier de verre fin, une pierre ponce, ou encore avec un tampon imprégné d'un mélange dégraissant (éther, alcool, acétone) jusqu'à l'apparition d'une légère rubéfaction. Un résultat équivalent est obtenu en employant des pâtes contenant un mélange abrasif.

2. CONDITIONNEMENT DU SIGNAL

Le principal conditionnement du signal est son amplification. Le conditionnement est la façon dont on va modifier le signal afin d'assurer sa transmission sans altérer l'information qu'il contient. Les différences de potentiels enregistrables en EMG de surface sont de l'ordre du microvolt ou, tout au plus de quelques millivolts, faibles amplitudes du même ordre que les signaux électromagnétiques parasites que l'on trouve dans l'environnement d'enregistrement. Ces signaux peuvent provenir des sources d'alimentation, d'appareils électriques voisins, des luminaires etc. Ce bruit électronique sera particulièrement perturbant lorsque le signal parcourra des fils électriques. Un enregistrement correct requiert donc l'amplification préalable des signaux réalisé au moyen d'amplificateurs différentiels dont les caractéristiques principales sont a) l'impédance d'entrée, b) le gain, c) le bruit de fond et d) la bande passante.

(a) Impédance d'entrée

En théorie, pour que le signal à enregistrer ne subisse pas de distorsion d'amplitude, il faut que l'impédance d'entrée du récepteur (entrée de l'amplificateur) soit supérieure ou égale à 1a fois celle du générateur (tissu musculo-cutané) et à celle des électrodes. Or, lorsque la peau est bien décapée, en EMG de surface, la résistance électrodes-tissu, mesurée en courant continu, est de l'ordre de quelques kilo-ohms. Le rapport entre les impédances du générateur et du récepteur est ainsi respecté (Bouisset et Maton, 1995).

(b) Gain et bruit de fond

Le gain d'un amplificateur est le rapport entre le signal de sortie et le signal d'entrée. Il est ordinairement compris entre 500 et 5000, réglable par pas. Plus le gain est élevé, plus le bruit de fond augmente. Lorsqu'on augmente le gain d'un amplificateur, on voit en effet apparaître, en l'absence de tout signal d'entrée et lorsque les entrées sont court-circuitées, un signal de sortie appelé bruit de fond. Il s'agit d'un bruit blanc, c.à.d. qu'il contient toutes les fréquences comprises dans la bande passante ; il trouve son origine essentiellement dans l'agitation thermique des électrons des composants électroniques.

(c) Différentialité

Comme son nom l'indique, c'est la caractéristique fondamentale d'un amplificateur différentiel. Il s'agit d'amplificateurs à entrée symétrique, dont le signal de sortie, toujours symétrique, traduit à un coefficient près (le gain) la différence algébrique entre les signaux d'entrée.

(d) Bande passante

La bande passante des amplificateurs correspond à la gamme des fréquences susceptibles d'être transmises. En pratique cette bande doit être adaptée ou adaptable à la nature des signaux que l'on enregistre, ainsi qu'à leur utilisation. Pour l'EMG de surface, la bande passante peut être sans inconvénient limitée à 1000 Hz, mais elle doit, autant que possible, comprendre également les fréquences basses de l'ordre de 2 à 20 Hz. Une telle bande passante permet de s'affranchir d'éventuels signaux parasites, émis par la radio ou la télévision (Bouisset et Maton, 1995). Si l'on élève la limite supérieure et inférieure, par exemple pour l'enregistrement du potentiel d'unité motrice ou de fibre musculaire, il est possible d'effectuer un filtrage 'passe-haut' du signal qui permet d'éliminer les rayonnements électromagnétiques du courant d'alimentation des appareils.

3. ACQUISITION DU SIGNAL

Le signal EMG conditionné peut ensuite être enregistré en vu d'un traitement postérieur. L'électronique numérique permet d'enregistrer le signal sur des supports informatiques, ce qui sous-entend au préalable deux phases : une d'échantillonnage et une de quantification du signal. L'échantillonnage consiste à lire de manière périodique la valeur que prend le signal EMG au cours du temps. Cette régularité est définie par une fréquence d'échantillonnage, F_e exprimée en Hertz. Cette fréquence correspond à la période d'échantillonnage $T_e = \frac{1}{F_e}$ qui sépare deux valeurs lues. Ainsi si le signal est lu à une fréquence de 1000 Hz, le temps séparant deux échantillons sera de 0,001 s, soit 1 ms.

La quantification est l'étape qui consiste à transformer les valeurs du signal en données numériques. C'est la conversion analogique-numérique. Le signal EMG avant d'être enregistré est un signal de type analogique, c.à.d. qu'il s'inscrit dans une gamme continue de mesures comme par exemple de 0 à 1 V : le signal peut y prendre toutes les valeurs réelles entre 0 et 1. Ainsi, si on devait représenter ces valeurs en fonction du temps sur une figure, on tracerait un trait plein. Par contre les valeurs sur un ordinateur sont quantifiées par niveaux, c.a.d. que les données numériques ne peuvent pas prendre toutes les valeurs réelles comme c'était le cas des données analogiques. La quantification est fonction du nombre de bits de la carte de conversion analogique-numérique.

4. TRAITEMENT ET ANALYSE DU SIGNAL EMG

En biomécanique, l'usage de l'EMG de surface peut être rapporté à trois manifestations principales: comme indicateur de l'activation musculaire, de sa relation avec la force produite par le muscle et des processus de fatigue qui interviennent dans le muscle (De Luca, 1997).
Cependant, afin de pouvoir utiliser le signal EMG comme indicateur de ces phénomènes, un certain nombre d'opérations est nécessaire pour extraire des indices permettant son estimation indirecte :

- *Redressement*. Compte tenu du caractère aléatoire du signal EMG autour de zéro, l'EMG brut (Figure 23A) présente une valeur moyenne nulle. Sa moyenne ne représente donc pas le niveau de recrutement. Une solution est alors de réaliser un redressement qui consiste à calculer la valeur absolue à chaque instant du signal EMG recueilli (Figure 23B). Ainsi les valeurs négatives deviennent toutes positives et on peut alors calculer la valeur moyenne de l'EMG.

- **Filtrage**. Le filtrage est généralement utilisé pour éliminer les parasites dans un signal. En électromyographie, il est aussi appliqué sur l'EMG redressé afin de lisser le signal et de mettre en évidence l'enveloppe linéaire (Figure 23C). L'enveloppe linéaire est en quelque sorte la courbe qui délimite les amplitudes de l'EMG redressé. En utilisant un filtre avec une fréquence de coupure basse, on élimine les variations rapides du signal. Sur l'EMG filtré on peut relever des indices tels que sa valeur moyenne et sa valeur maximale. Le filtrage est utile à une visualisation des phases d'activation des muscles impliqués dans un mouvement (De Luca, 1997). Cependant, comme le signal EMG est dépouillé de ses hautes fréquences, il n'est pas conseillé d'utiliser cette technique pour détecter le début temporel exact de l'activation musculaire.

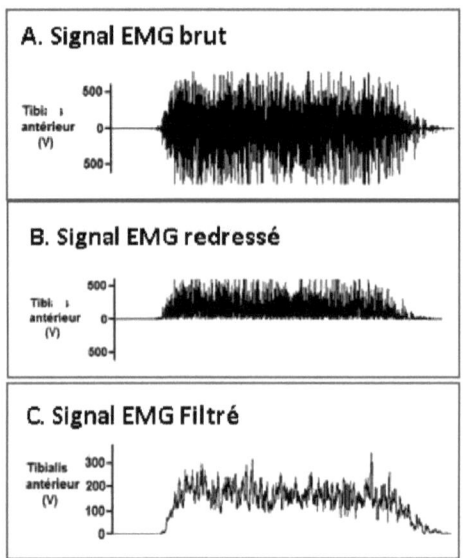

Figure 23. Exemple de traitement du signal EMG du muscle tibial antérieur. A. Signal EMG brut. B. Signal EMG redressé. C. Signal EMG filtré (d'après Vinti, 2012).

2.2.3   Paramètres EMG pertinents dans la mesure de l'activité musculaire

Une fois le signal redressé et filtré, on peut le quantifier. La quantification de l'EMG de surface repose essentiellement sur deux types de paramètres qui ont une signification physiologique précise. Il s'agit d'une part, des paramètres qui permettent de caractériser l'évolution fréquentielle du signal par le spectre de puissance, qui expriment surtout la vitesse de conduction et, d'autre part, des paramètres temporels qui définissent l'intensité du signal d'entrée du muscle ou de son niveau d'excitation. Parmi les paramètres temporels, les plus utilisés sont : l'EMG intégré (IEMG) et la moyenne quadratique (Root Mean Square, RMS). L'IEMG est l'intégrale de la surface sous la courbe du signal en fonction du temps. Les premières mesures de l'EMG intégré ont été effectuées par Lippold (1952). Cette mesure peut être calculée sur toute la durée de la contraction ou sur une période choisie.

La RMS est un des paramètres les plus pertinents dans la mesure du comportement des unités motrices car il exprime les débits moyens de signaux électriques dans une fenêtre de temps donné, permettant de limiter la variabilité due à l'excitation instantanée des fibres musculaires (Duchêne et Goubel, 1993). Ce traitement consiste à élever les valeurs du signal au carré, puis de les additionner et enfin d'en prendre la racine carrée. La version la plus commune de cette moyenne quadratique de l'EMG sur un intervalle de temps (RMS) est :

$$RMS = \sqrt{\frac{1}{T}\int_{0}^{T}f(t)^2 .dt}$$

Où $f(t)$ est le signal EMG à analyser, et T l'intervalle de temps.

2.2.4 Relation entre l'EMG et la force

Le grand succès de l'EMG en biomécanique réside dans le fait que certains indices sont liés à la force développée et qu'on peut donc tenter de quantifier exactement la participation de chaque muscle impliqué dans un mouvement donné. Cependant il n'y a pas de relation simple entre la valeur EMG intégrée et la force développée par un muscle donné.

La condition de contraction isométrique est la mieux appropriée pour déterminer la relation entre la force et l'EMG (De Luca, 1997), mais la recherche de la signification biomécanique de l'EMG instantané présente des difficultés lors de contractions musculaires en conditions dynamiques, où le niveau d'excitation, de longueur et vitesse musculaires pourraient changer d'un instant à l'autre. Tout de même, cette relation présente un intérêt certain dans la posture et dans toutes les activités, comme la marche, où les variations de longueur des muscles sont limitées.

A. CONTRACTION ISOMETRIQUE

En conditions isométriques, l'EMG intégré (et RMS) est en relation avec a) la force externe, b) l'angle articulaire et c) la durée du maintien de la contraction musculaire.

a) EMG et Force externe

Pour une position donnée de l'articulation, il existe une relation entre l'EMG intégré du muscle et la force externe exercée (moment) par rapport à l'axe de rotation (Bouisset, 1973). La forme exacte de cette relation a longtemps été controversée. Certains auteurs ont soutenu l'existence d'une relation linéaire entre l'amplitude EMG et la force musculaire au membre supérieur (Inman et al., 1952) et inférieur (Inman et al., 1952; Lippold,1952), d'autres une relation curvilinéaire (Vredenbregt et Rau, 1973, Woods et Bigland-Ritchie, 1983 ; Lawrence et De Luca, 1983). En fait, de nombreux facteurs physiologiques, anatomiques et techniques peuvent influencer la production du signal EMG et de la force.

L'allure de la relation entre EMG-force externe dépend du muscle considéré (Figure 24), du type de fibres dans le muscle, des modalités de gradation de la contraction (nombre et fréquence de décharge des unités motrices), effets tous cumulés dans le tracé électromyographique, sans négliger les aspects techniques tels que le placement des électrodes ou le traitement du signal.

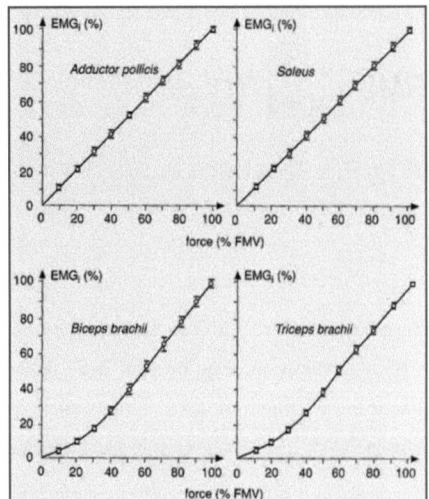

Figure 24. Différentes formes de la relation entre l'EMG intégré et la force isométrique établies pour divers muscles. L'EMG intégré et la force sont exprimés en pourcentage des valeurs obtenues en contraction maximale au moment de l'expérience (FMV est la force maximale volontaire). Chaque point correspond à la moyenne de 24 valeurs, obtenues à partir de 8 sujets. On constate que la forme de la relation entre EMG intégré et force peut différer selon les muscles, sans rapport apparent avec leur localisation anatomique (d'après Wood et Bigland-Ritchie, 1983).

b) EMG et Angle articulaire

Pour un même niveau de force, l'EMG intégré augmente lorsque l'angle diminue. La Figure 25 montre que la pente ou la courbure de la relation entre EMG intégré et force externe varient selon la position de l'articulation du coude (Vredenbregt et Rau, 1973). Cette propriété est liée aux caractéristiques mécaniques du muscle exprimées par la relation tension-longueur. En effet, pour différents niveaux d'EMG constants, une famille de courbes force-longueur, d'allure spécifique a pu être tracée. Lorsque la relation entre la force et l'EMG est linéaire, elle est identique à celle obtenue entre l'EMG intégré et la longueur à force constante.

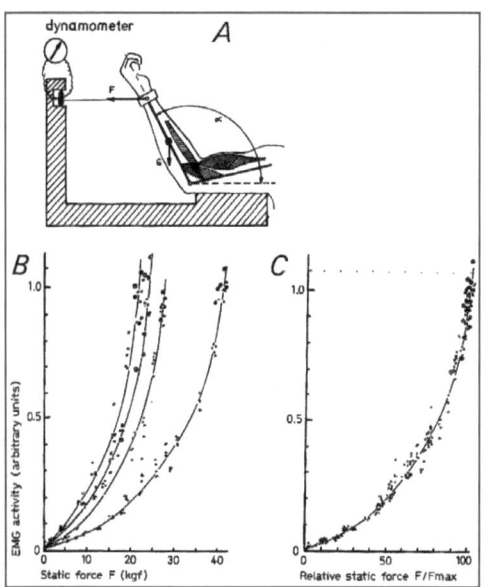

Figure 25. Influence de l'angle articulaire sur la relation entre EMG intégré et force. A, situation expérimentale. B, relation EMG-force pour différents angles du coude (de gauche à droite, 56, 90, 138 et 162 degrés), lorsque l'EMG intégré est exprimé en unités arbitraires et la force en N. C, relation EMG intégré-force, lorsque ces grandeurs sont exprimées en pourcentage de la valeur de force maximale volontaire, pour chaque angle. La relation est alors indépendante de l'angle articulaire (d'après Vredenbregt et Rau, 1973).

Ces différences observées dans l'EMG suggèrent que lors des contractions à des longueurs réduites du muscle, un débit de décharge motrice supérieur serait nécessaire pour produire des niveaux similaires de force dans les positions musculaires raccourcies (Bigland-Ritchie et al., 1992). Un recrutement additionnel d'unités motrices ainsi qu'une augmentation de leur fréquence de décharge aussi bien aux membres supérieur qu'inférieur ont été rapportés dans ces conditions (Christova et al., 1998 ; Vander Linden et al., 1991 ; McKenzie et Gandevia, 1987).

57

Plusieurs expériences contredisent cependant l'existence d'une longueur musculaire ou d'un angle articulaire optimales pour la relation EMG-force. En condition de longueur musculaire réduite, contrairement aux résultats fournis par les travaux d'Inman et collaborateurs (1952) mettant en évidence une augmentation de l'activité EMG malgré la diminution de force (en accord avec la relation force-longueur en contraction isométrique), les travaux de Liberson et collaborateurs (1962) reportent une diminution du couple et du signal EMG n'indiquant donc pas l'existence d'une longueur optimale pour l'expression de la relation EMG-force. Des avis intermédiaires existent cependant signalant une indépendance entre activité EMG et tension musculaire à différentes longueurs du muscle et quelque soit le type de contraction musculaire, isométrique ou concentrique (Komi et Buskirk, 1972).

Ces différents résultats et différentes interprétations portent cependant sur différents muscles et avec des conditions expérimentales diverses, introduisant donc des éléments sources de variabilité. En particulier l'EMG des muscles biarticulaires, à la fois proximaux et distaux, présente une plus grande variabilité que l'EMG des muscles mono-articulaires (Winter et Yack, 1986). En effet, si l'on considère un muscle bi-articulaire, dont le biceps brachial et les gastrocnémiens sont deux exemples, la pente de la relation entre EMG et la force varie aussi selon la position articulaire correspondant à sa deuxième fonction (Sullivan et al., 1950 ; Maton et Bouisset, 1977).

Muscle biceps brachial : s'insérant sur la face postérieure de la tubérosité bicipitale du radius, pour une force externe et un angle articulaire en flexion donné, l'EMG du muscle biceps brachial est plus élevé lorsque le coude est en supination que lorsqu'il est en pronation ; dans ce cas, le muscle est davantage étiré que dans le premier et peut donc bénéficier de l'avantage mécanique issu de la relation tension-longueur (Sullivan et al., 1950; Maton et Bouisset, 1977 ; Funk et al., 1987; Buchanan, 1995). La même force peut donc être développée pour un niveau d'excitation plus faible.

Muscles gastrocnémiens : traversant à la fois les articulations du genou (au dessus du condyle fémoral) et de la cheville (face postérieure du calcanéum) pour une force externe et un angle articulaire de cheville donnés, l'EMG des muscles gastrocnémiens est plus élevé lorsque le genou est en extension (Fugl-Meyer et al., 1979 ; Sale et al., 1982 ; Cresswell et al., 1995).

c) EMG et durée de la contraction

Pour une force et une position données, la pente de la relation entre l'EMG et la force augmente avec la durée du maintien et ce, dès les premières secondes (Maton, 1973).Cette augmentation est d'autant plus rapide et importante que le niveau de force maintenu est plus élevé. L'évolution de cette relation au cours du temps dépend de la composition relative du muscle en fibres de type I et de type II. Un muscle dans lequel prédomine le type II est facilement fatigable, comme par exemple le biceps et le triceps brachial (64% et 67% de fibres type II) et la fatigue produit une augmentation importante de la pente de la relation EMG-force. L'inverse se produit lorsque prédomine le type I comme par exemple dans le muscle adducteur du pouce (80% de fibres type I, Clamann et Broecker, 1979).

B. CONTRACTION NON ISOMETRIQUE

Dans une contraction anisométrique ou non isométrique, le changement des certaines variables anatomiques, physiologiques, biomécaniques, et électriques peut affecter le signal EMG détecté et par conséquent, une éventuelle relation EMG-force. Premièrement, ce type de contraction ne permet pas de garantir la stabilité du signal EMG à cause de l'instabilité de la position des électrodes qui bougent par rapport au muscle actif changeant de forme, augmentant ainsi le risque de diaphonie (De Luca, 1997). De plus, dans les conditions anisométriques, la force exercée par le muscle varie avec l'angle articulaire en fonction du mouvement ainsi qu'avec la vitesse du mouvement (Bigland et Lippold, 1954).

Ces auteurs ont montré l'existence d'une relation linéaire entre l'EMG intégré et la charge déplacée au cours de flexions plantaires d'amplitude limitée, pour une vitesse constante donnée. La pente de la droite est supérieure lorsque le gastrocnémien travaille en mode concentrique et plus faible lorsqu'il travaille en mode excentrique (Figure 26). Ainsi de façon générale, l'EMG est moindre en mode de contraction excentrique.

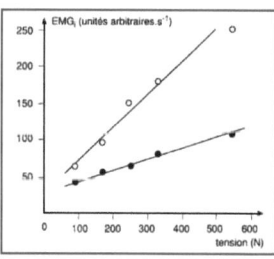

Figure 26. Relation EMG intégré-tension et EMG-intégré-vitesse, en contraction anisométrique. Les cercles évidés correspondent à la contraction concentrique et les points noirs, à la contraction excentrique. Chaque point résulte de la moyenne de 10 EMG intégrés du Gastrocnémien, lors de flexions plantaires de la cheville (d'après Bigland et Lippold, 1954).

Ainsi de façon générale, l'EMG est moindre en mode de contraction excentrique. Pour l'explication de ce phénomène, plusieurs éléments montrent une modulation corticale et spinale des pools motoneuronaux qui diffère selon le mode de contraction concentrique et excentrique. Nardone et collaborateurs (1989) suggèrent que la contraction excentrique réalisée par les fléchisseurs plantaires serait contrôlée par des unités motrices à plus 'haut seuil' d'activation que ceux impliqués dans la contraction concentrique correspondante. Nakazawa et collaborateurs (1993) ont confirmé que l'activation relative des muscles synergistes varie selon les différents types de contraction. Une diminution de l'excitabilité cortico-spinale évaluée par la stimulation trans-corticale est rapportée lors des contractions excentriques des muscles brachioradial, biceps brachial et soléaire (Abbruzzese et al., 1994; Sekiguchi et al., 2001, 2003) ainsi qu'une diminution de l'amplitude du réflexe H (Abbruzzese et al., 1994). Ces différences doivent être prises en compte lors de l'étude d'un mouvement donné tel que la marche ainsi que lors de programmes visant à la récupération de la force musculaire.

2.3 Quantification cinématique de la marche

L'étude des coordinations musculaires au cours de la locomotion s'appuie sur une caractérisation biomécanique des phénomènes. Dans la littérature on peut séparer deux types d'analyse de la marche : celles qui cherchent à décrire les mécanismes biomécaniques de la marche par une analyse globale du corps (Benedetti et al., 1998) et celles se focalisant sur le comportement cinématique d'une articulation ou d'un segment précis (Lafortune et al., 1992 ; MacWilliams et al., 2003).

La caractérisation biomécanique de la marche utilise des paramètres cinématiques et dynamiques. Seule la méthode cinématique utilisée dans ce travail sera décrite. La cinématique ne s'intéresse pas aux forces qui déterminent le mouvement mais au mouvement en tant que tel, à l'aide de variables (cinématiques) permettant de le décrire: déplacement (trajectoire), vitesse et accélération, aussi bien linéaires qu'angulaires (Winter, 1991).

L'analyse cinématique consiste à décrire les positions successives et les variations de position des segments corporels au cours du temps. Le principe est de modéliser les segments corporels par des solides rigides, articulés entre eux de façon à utiliser les propriétés d'indéformabilité de ces solides. La description cinématique d'un 'modèle' segmentaire du corps humain comporte classiquement 12 segments (deux pieds, deux jambes, deux cuisses, un tronc, une tête, deux bras, deux segments avant bras-mains) mais on peut émettre l'hypothèse que plusieurs segments soient liés rigidement comme par exemple la tête et le tronc (Winter, 1991).

La position d'un solide indéformable dans l'espace à un instant donné est déterminée par la donnée des positions tridimensionnelles de trois de ces points non alignés. L'analyse cinématique tridimensionnelle (3D) repose donc sur la mesure de la position dans l'espace des points de ce segment au cours du temps. Les systèmes de mesures des coordonnées, utilisent des marqueurs placés sur le solide dont la position est mesurée.

2.3.1 Systèmes Optoélectroniques de mesure de position 3D

Parmi les systèmes de mesure de la position 3D, les systèmes optoélectroniques sont les plus largement utilisés dans l'étude de la locomotion. Ils sont basés sur le principe de la stéréovision. Des caméras sensibles à des fréquences proches des infrarouges localisent les marqueurs placés sur le solide dans leur plan d'observation. Un algorithme permet à partir de deux caméras de déduire la position du marqueur dans l'espace en tenant compte d'une calibration préalable de l'espace. Il est possible aujourd'hui d'enregistrer la trajectoire des marqueurs avec une fréquence comprise entre 60 et 1000 Hz et le nombre de caméras est variable selon les systèmes.

Marqueurs et positionnement

Les marqueurs peuvent être actifs ou passifs selon que les infrarouges soient émis par des marqueurs placés sur le solide (marqueurs actifs) ou bien qu'ils soient émis par des caméras (marqueurs passifs). Le positionnement des marqueurs est étudié pour s'approcher au mieux des axes anatomiques et des centres articulaires des membres inférieurs du sujet étudié. Les marqueurs placés sur les points anatomiques sont appelés marqueurs anatomiques. Trois marqueurs par segment sont indispensables pour la construction des repères segmentaires. L'un des positionnements de marqueurs fixes, le plus populaire pour prédire les centres des articulations à partir de données numérisées est le système Helen Hayes (Davis et al., 1991), utilisé dans cette étude (Figure 27).

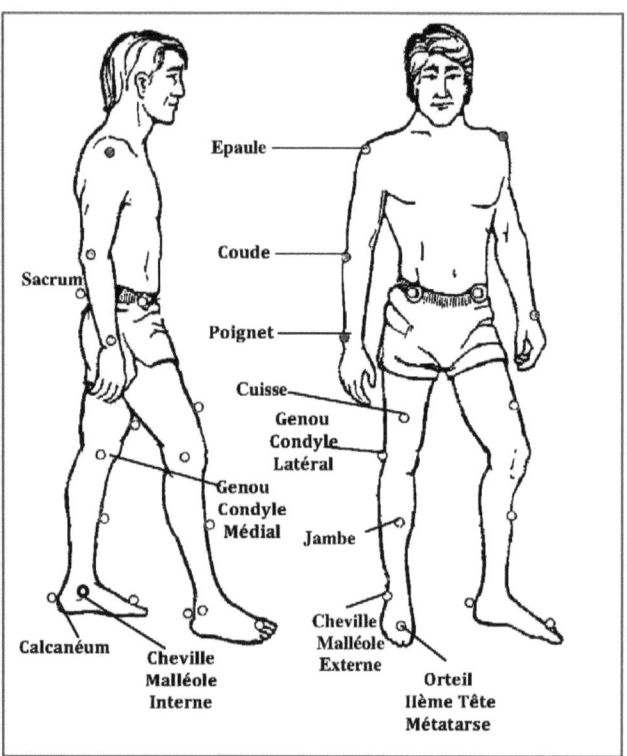

Figure 27. Positionnement des marqueurs Helen Hayes.

2.3.2 Analyse cinématique en biomécanique

En analyse du mouvement, le mouvement se définit comme étant l'état d'un corps dont la position change continuellement par rapport à un repère. Ce repère spatial de référence peut être absolu ou relatif (Winter, 1991) :

➢ Dans le système de référence **absolu**, un repère galiléen est retenu avec : un axe vertical (positif vers le haut), un axe sagittal (postéro-antérieur) positif dans la direction de la progression en avant et, un axe transversal allant de droite à gauche.

➢ Dans le système de référence **relatif**, chaque coordonnée est rapportée à un système de coordonnées qui changent en fonction du segment corporel considéré (un segment par rapport à un autre).

Le calcul de la cinématique articulaire passe par une modélisation de l'anatomie des membres qui implique tout d'abord la localisation des centres articulaires qui déterminent les longueurs segmentaires. Les centres articulaires constituent les origines des repères anatomiques construits à partir des marqueurs anatomiques. La stratégie utilisée pour calculer la cinématique articulaire comporte 4 étapes :

1. *Sélection des trois marqueurs pour le segment d'intérêt*. Trois marqueurs sont nécessaires pour constituer le référentiel d'un segment.

2. *Création d'un repère orthonormé de référence* basé sur ces trois marqueurs. On établit un repère pour chacun des deux segments corporels Les axes de ces repères sont définis en fonction de repères osseux identifiés manuellement ou à partir de rayons X, et selon les recommandations générales de l'ISB - International Society of Biomechanics : X, représente l'axe antéropostérieur ; Y, est l'axe proximo-distal (orienté vers le haut) ; et Z est l'axe médio-latéral orienté en sens opposé pour les deux cotés du corps. (Wu et Cavanagh, 1995, Figure 28).

3. *Estimation des positions des centres articulaires* par l'utilisation d'équations de prédiction fondées sur des mesures anthropométriques et sur le repère de référence. Il existe plusieurs méthodes qui permettent d'évaluer les coordonnées des centres articulaires. La méthode directe utilise le point milieu de deux marqueurs anatomiques. Elle est fréquemment employée pour déterminer les centres articulaires du genou et de la cheville (Sati, 1994). On détermine ainsi le centre articulaire du genou en utilisant les condyles externe et interne, et de la cheville avec les marqueurs des malléoles, interne et externe.

4. *Transformation géométrique pour le calcul des angles articulaires*. Plusieurs choix de transformation géométrique sont possibles pour caractériser le mouvement relatif ou absolu des segments osseux. Dans les recommandations de l'ISB, (Wu et Cavanagh, 1995 ; Wu et al., 2002), les auteurs proposent d'utiliser la transformation géométrique qui permet de passer du repère d'un segment à celui du segment adjacent à chaque instant de l'acquisition. La méthode adoptée pour le calcul de la cinématique articulaire du membre inférieur est la séquence de rotations successives autour de trois axes mobiles. Elle est adaptée à l'étude de la marche et appropriée pour l'évaluation des amplitudes articulaires pratiquée par les cliniciens. Pour parvenir à cette transformation, on utilise principalement des représentations en angles mobiles

par des matrices de changement de repère pour spécifier la position et l'orientation des repères locaux dans le repère global.

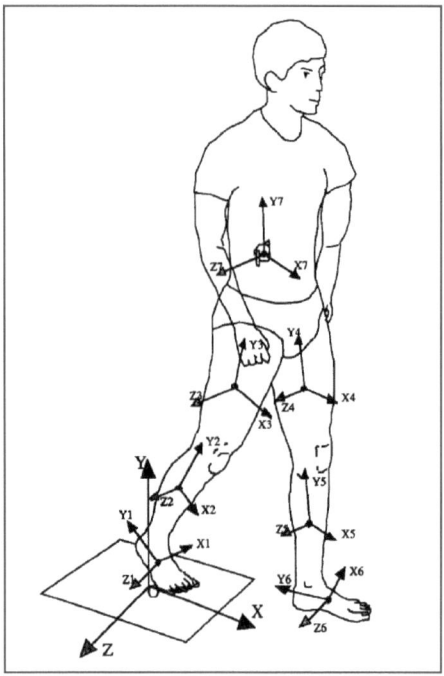

Figure 28. Convention ISB pour la localisation des centres articulaires (d'après Wu et Cavanagh, 1995).

2.3.3 Systèmes de coordonnées utilisés pour la cheville

Selon la méthode évoquée précédemment, les angles articulaires de la cheville seront obtenus en calculant l'orientation du repère tibia par rapport au repère pied. Plusieurs définitions de repères pour chaque segment existent dans la littérature. Selon la terminologie de l'ISB, les repères anatomiques du tibia et du pied sont représentés et illustrés par la Figure 29. MM : malléole médiale ; LM : malléole latérale ; MC : point le plus médial du bord du condyle tibial médial ; LC : point le plus latéral du bord du condyle tibial latéral ; TT : tubérosité tibiale ; IM : point intra-malléolaire situé entre MM et LM. IC : point intra-condyles situé entre MC et LC. Axes : **z** passant par MM et LM et dirigé vers la droite ; **x** : axe perpendiculaire au plan passant par MM, LM et le milieu de LC et MC ; **y** formant un trièdre direct.

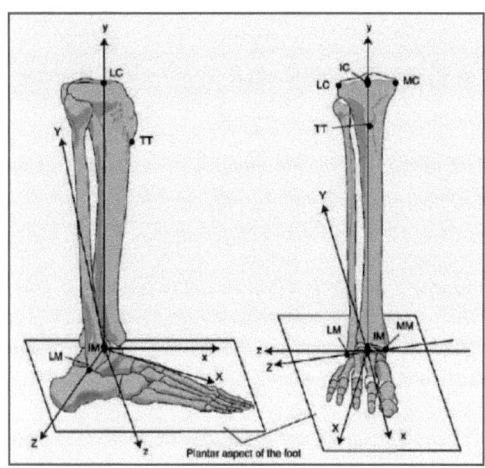

Figure 29. Repères anatomiques du complexe articulaire de la cheville (d'après Wu et al., 2002).

Système de coordonnées xyz utilisé pour le pied (Calcanéum)

L'origine coïncide avec celle du système de coordonnées tibia /péroné (O) dans la configuration neutre ; y : la ligne coïncidant avec l'axe longitudinal du tibia / péroné dans la configuration neutre, en direction crâniale ; x : la ligne perpendiculaire au plan frontal du tibia/péroné dans la configuration neutre, en direction antérieure ; z : la ligne perpendiculaire commune aux axes x et y (Figure 29).

Pour la définition de la position de référence, plusieurs choix sont possibles. Dans nos travaux nous avons choisi la position debout en appui bipodal à partir de laquelle nous avons calculé les variations de position relatives du tibia par rapport au pied. Le choix de cette valeur de référence, nécessite de vérifier au préalable l'absence d'attitudes ou positions articulaires pathologiques du sujet à l'étude, tels le recurvatum ou le flessum de genou, pouvant altérer cette position.

RESUME

La quantification de l'activité motrice humaine est réalisée par l'analyse de ses expressions périphériques.

*L'enregistrement **dynamométrique** permet la quantification de la **force maximale volontaire** par la mesure du moment musculaire net mobilisant l'articulation. L'analyse électromyographique (**EMG**) offre la possibilité de quantifier l'activité de chaque acteur musculaire, agoniste ou antagoniste ainsi que leur **cocontraction**. L'EMG de surface résulte de la sommation algébrique des potentiels d'actions qui se propagent dans le muscle. Il reflète les mécanismes de recrutement des unités motrices et représente l'activité électrique du muscle dans son ensemble. Plusieurs facteurs peuvent influer sur le signal EMG allant du positionnement des électrodes au traitement du signal.*

L'EMG ne pourra être considéré comme une estimation de la force exercée par le muscle que sous plusieurs conditions très strictes en raison de la non-linéarité de cette relation en conditions dynamiques. La fatigue modifie aussi cette relation.

*Pouvant être réalisée à l'aide de **systèmes optoélectroniques**, l'**analyse cinématique tridimensionnelle** repose sur la mesure de la position dans l'espace de points du segment considéré, au cours du temps. Couplée avec l'EMG des muscles de la jambe, l'analyse cinématique de la cheville chez le sujet sain fournit un modèle auquel une des principales déviations cinématiques caractérisant la phase d'oscillation du sujet atteint de parésie spastique peut être comparée : les troubles du relevé actif du pied.*

II) REVUE DE LITTERATURE

1) Contraction musculaire et force: modèle physiopathologique de la parésie spastique. Mécanismes neurophysiologiques impliqués.

Quelque soit le mécanisme physiopathologique à l'origine du syndrome de parésie spastique, le déficit résultant est une force musculaire diminuée par rapport à la gamme de forces absolues produites par les sujets sains, aussi bien en conditions statiques que dynamiques. Les modifications de la production de force trouvent leurs origines aussi bien au niveau des régimes internes de production de force que des propriétés mécaniques du muscle.

Trois mécanismes physiopathologiques principaux peuvent être à l'origine de cette diminution de force chez le parétique spastique, qui sont ainsi caractérisés d'un point de vue biomécanique :

1. Une capacité quantitativement réduite du développement du couple de force agoniste nécessaire pour déplacer activement les segments corporels (diminution de puissance du générateur de force agoniste) appelé **parésie** ;
2. Une résistance viscoélastique passive appliquée de chaque coté des articulations s'opposant aux mouvements, en corrélation exponentielle avec l'allongement de ces structures (**rétraction des tissus mous**) ;
3. Une résistance dynamique active augmentant avec la commande sur l'agoniste et le mouvement provoqué par cette commande : augmentation de puissance d'un générateur de force antagoniste. Il s'agit d'une forme d'hyperactivité musculaire appelée **cocontraction spastique**.

Il est difficile d'aborder directement le phénomène de la cocontraction spastique sans passer par les phénomènes de parésie et de rétraction des tissus mous, compte tenu de l'interdépendance entre ces trois phénomènes qui sous-tendent le syndrome de parésie spastique. En effet, survenant progressivement quelques semaines après l'état lésionnel, l'hyperactivité musculaire est une conséquence à la fois directe d'une réorganisation corticale et médullaire et indirecte de la parésie elle-même. La parésie, survenant dès les premières heures, représente le premier facteur de raccourcissement musculaire (rétraction musculaire) par l'immobilisation des muscles, le raccourcissement et la perte d'extensibilité eux-mêmes sont la première source d'une stimulation augmentée des fuseaux neuromusculaires et donc de spasticité (une forme d'hyperactivité musculaire). L'hyperactivité musculaire elle-même est un second facteur d'aggravation de la rétraction musculaire (Figure 30).

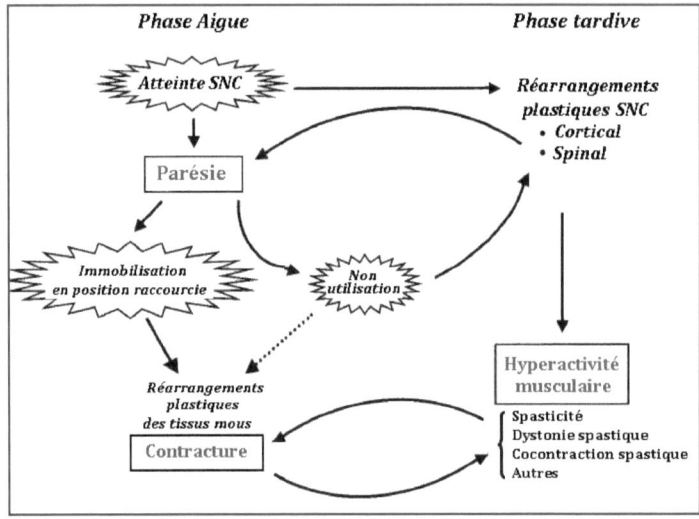

Figure 30. Les trois mécanismes d'altération du mouvement volontaire après l'atteinte du SNC : parésie, rétraction des tissus mous et hyperactivité musculaire. La lésion initiale provoque une parésie, premier facteur de raccourcissement musculaire ; l'immobilisation résultante entraine les rétractions des tissus mous ; l'hyperactivité musculaire est d'abord causée par la perte d'extensibilité du muscle qui sensibilise la réponse réflexe à l'étirement musculaire, et aggravée plus tard par le réarrangement plastique post lésionnel cortical et médullaire., (d'après Gracies, 2005, modifié).

1.1 Parésie

Le phénomène de parésie est la première conséquence directe d'une interruption de l'exécution de la commande motrice, représentant le principal facteur d'un premier raccourcissement musculaire ou de contracture musculaire (Gracies, 2001, 2005a). Il s'agit d'un déficit quantitatif de la commande centrale sur un muscle agoniste, s'exprimant par une inaptitude à générer des niveaux d'activation musculaire normaux, donc de force agoniste et donc à réaliser les mouvements désirés malgré la conscience d'efforts volontaires maximaux déployés par le sujet (Bourbonnais et Vanden Noven, 1989 ; Gracies, 2005a).

Apparaissant dès les premiers stades de l'état lésionnel, cette diminution ou perte des mouvements conduit à l'immobilisation des muscles affectés, en position raccourcie pour certains d'entre eux, tels que les extenseurs du membre supérieur et les fléchisseurs du membre inférieur. L'étendue et la distribution de la parésie varient entre les groupes musculaires (Colebatch et al., 1986 ; Colebatch et Gandevia, 1989 ; Adams et al., 1990). La parésie caractérise aussi bien la phase aigüe que la phase tardive de l'atteinte lésionnelle. Une des hypothèses qui sera testée dans l'un des travaux présentés dans ce manuscrit, est que cette diminution de l'activation volontaire de l'agoniste a une propriété particulière de sensibilité à l'étirement de l'antagoniste : «parésie sensible à l'étirement» (Gracies, 2005a).

1.1.1 Mécanismes physiopathologiques de la parésie (perte d'activation motoneuronale) et de la faiblesse (perte de force)

Les mécanismes physiopathologiques qui sous-tendent le phénomène de parésie correspondent à des changements au niveau des régimes internes de production de force (nombres d'unités motrices et fréquence de décharge) suite à l'atteinte centrale. Vont s'y ajouter, pour aggraver le déficit de force produite, des changements dans les propriétés actives du muscle.

(a) Parésie : Changement des régimes internes de production de force

Perte du nombre d'UM fonctionnelles au niveau médullaire. Ce phénomène est fort documenté au sein de la parésie spastique (Brandstater et al., 1983 ; Yang et al., 1990 ; McComas, 1994). Plus de 50% de réduction dans le nombre d'UM fonctionnelles a été observé dans les muscles extenseurs des doigts sur 46 sujets hémiparétiques comparativement aux sujets sains entre le 2ème et 6ème mois après un accident vasculaire cérébral (McComas et al., 1973). Les résultats sont argumentés par les changements trans-synaptiques des motoneurones alpha conséquents à la dégénérescence des fibres corticales.

Diminution de l'activation volontaire des UM. Même si certains auteurs s'accordent sur son existence (Tang et Rymer, 1981 ; Gemperline et al., 1995), ce phénomène ne fait pas l'objet d'un consensus. Rosenfalck et Andreassen (1980) relient à ce phénomène la perte de force de 40% du muscle tibial antérieur du membre hémiparétique. Sur les gastrocnémiens par contre, Dietz et collaborateurs (1986) ne détectent pas d'anomalies d'activation dans le membre parétique comparativement au membre non parétique. Ces divergences pourraient être attribuables aux muscles étudiés (tantôt des «antagonistes» très raccourcis - par exemple les gastrocnémiens -, tantôt des agonistes qui le sont moins - par exemple le tibial antérieur) et aussi à la diversité des délais post-lésionnels étudiés (Arene et Hidler, 2009).

(b) Faiblesse motrice : Changement des propriétés actives du muscle

Ce domaine est rapporté de façon fort hétérogène dans la littérature. Des études de biopsie musculaire ont d'abord suggéré l'atrophie des fibres musculaires rapides fatigables responsables de la production des hauts niveaux de force tout particulièrement au niveau des muscles rapides tels que les gastrocnémiens (Edstrom et al., 1973 ; Dietz et al., 1986) ; une hypertrophie des fibres musculaires lentes responsable de la production des bas niveaux de force et de la résistance à la fatigue (Edstrom, 1970) et enfin la naissance d'une nouvelle classe de fibres motrices, lentes et fatigables (Young et Mayer, 1982). De tels changements pourraient justifier l'augmentation chez l'hémiparétique des temps globaux de contraction musculaire au détriment de la capacité de production de force maximale en conditions isométriques (McComas et al., 1973 ; Young et Mayer, 1982).

Cependant, des changements inverses ont été retrouvés en particulier dans le muscle tibial antérieur du sujet parétique, où une augmentation des proportions des fibres rapides a été rapportée par rapport au muscle normal, avec une augmentation concomitante du couple développé pour un recrutement d'unité motrices données (Jakobsson et al., 1991, 1992). Malgré ces changements dans les fibres musculaires, la gamme des vitesses de conduction axonale dans le nerf périphérique resterait inchangée, ce qui suggère que chez l'homme, il n'y ait pas de perte sélective d'une classe de motoneurone après la parésie (Jakobsson et al., 1991).

Quant à l'ordre de recrutement des unités motrices selon le principe de la taille (allant du recrutement des petites UM résistantes à la fatigue aux grandes unités fatigables, (Hennemann et al., 1965), il semblerait être préservé chez le sujet parétique pour certains et donc pas responsable du phénomène d'excessive fatigabilité (Godfrey et al., 2002) et compromis pour d'autres (Grimby et al., 1974).

1.2 Rétraction des tissus mous et changement des propriétés passives du muscle

A l'immobilisation des muscles en position raccourcie, fait suite une cascade d'événements au sein de la structure et de l'ultrastructure du muscle et des structures articulaires, venant détériorer les fonctions et les propriétés biomécaniques nécessaires à la production de la force musculaire. La diminution de l'extensibilité passive du muscle est un des facteurs conduisant à une production inadéquate de force musculaire chez le sujet atteint de parésie spastique. Les principales causes de cette inextensibilité du muscle découlent du processus d'immobilisation conséquence de la parésie et sont à rechercher dans :

a) *l'atrophie musculaire* ou perte de masse musculaire, dominante au membre supérieur chez le sujet hémiparétique (Ryan et al., 2002) est causée par une diminution du taux de synthèse des protéines et une augmentation de leur taux de dégradation dans le muscle (Booth et Seider, 1979) ;

b) *la perte de sarcomères*, qui est le processus adaptatif direct d'une immobilisation du muscle en position raccourcie, venant modifier la relation tension-longueur musculaire et augmentant la résistance à l'étirement passif du muscle (Tabary et al., 1972 ; Williams et Goldspink, 1984). Les filaments d'actine et de myosine gardant une longueur constante, l'adaptation musculaire à une longueur fonctionnelle différente joue sur la production ou suppression de sarcomères, afin de maintenir le nombre de sarcomères proportionnel à la longueur du muscle (Tabary et al., 1972).

c) *le remodelage du tissu conjonctif.* Suite à la perte de sarcomères et au raccourcissement des fibres, les changements dans l'extensibilité musculaire (raideur) sont accompagnés par une redistribution du tissu conjonctif. Une augmentation de la quantité du périmysium et de l'endomysium, éléments de la composante élastique parallèle, est observée ainsi qu'une irrégularité dans l'orientation des fibres de collagène (Williams et Goldspink, 1984 ; Järvinen et al., 2002). A la jambe, ces phénomènes semblent affecter les muscles gastrocnémiens plus que le soléaire (Järvinen et al., 2002).

d) *l'augmentation du tissu adipeux.* Chez l'hémiparétique chronique, les muscles squelettiques présentent une augmentation du tissu adipeux (masse grasse) particulièrement prononcée au membre supérieur (Ryan et al., 2002). Ce dépôt de masse grasse se produit également au niveau des tendons, pouvant déconnecter et détériorer les mécanorécepteurs tels que les corpuscules de Ruffini et de Pacini, les organes tendineux de Golgi et les terminaisons nerveuses libres (Jozsa et al., 1996), altérations qui peuvent évidemment avoir des conséquences motrices.

e) *l'augmentation de la réponse à l'étirement induite par la stimulation mécanique des Fuseaux Neuromusculaires.* La diminution d'extensibilité musculaire engendre une exacerbation des réponses du FNM à l'étirement se traduisant par l'augmentation du réflexe d'étirement. Cette augmentation réflexe a été démontrée après une immobilisation du muscle en position raccourcie et pourrait contribuer aux formes d'hyperactivité musculaire sensibles à l'étirement (Maier et al., 1972 ; Gioux et Petit, 1993).

Un autre facteur limitant l'expression du mouvement volontaire à ne pas sous estimer, est le degré des *rétractations articulaires* pouvant faire suite à une parésie spastique, potentiellement majeures dans les stades chroniques. Lors d'une immobilisation allant de 2 à 32 semaines, le rôle des structures articulaires dans la limitation de l'amplitude des mouvements, est estimé de 40% à 98%, tandis que la contribution myogénique diminue au fil du temps (Trudel et Uhthoff, 2000). Plusieurs facteurs tels que la prolifération du tissu conjonctif dans l'espace articulaire et les surfaces cartilagineuses, l'atrophie ou l'ulcération du cartilage, la désorganisation de l'alignement ligamentaire et autre semblent impliqués dans le phénomène de rétraction articulaire (Liebesman, 1994).

1.3 Hyperactivité musculaire

Conséquence directe d'une réorganisation neuronale au niveau cortical et médullaire, le phénomène d'hyperactivité musculaire est chronologiquement le troisième facteur participant aux déséquilibres de force autour des articulations (Gracies, 2005b). Dans les stades subaigus et chroniques de la parésie spastique, sa contribution au handicap fonctionnel est majeure, augmentant la résistance au mouvement.

L'hyperactivité musculaire est définie comme l'augmentation involontaire du recrutement motoneuronal, c.à.d la difficulté à arrêter l'activité des motoneurones dans des muscles spécifiques, que ce soit dans les situations de repos volontaire total ou pendant des actions impliquant normalement d'autres muscles (Gracies, 2005b). De même que le phénomène de parésie, l'hyperactivité musculaire présente une répartition inégale au niveau de différents groupes musculaires, étant plus sévère dans le muscle le plus rétracté d'une paire d'antagonistes autour d'une articulation (Tardieu et al., 1979 ; Gracies et al., 1997).

1.3.1 Types d'hyperactivité musculaire

On peut encore aujourd'hui considérer deux catégories d'hyperactivité musculaire selon qu'elles soient prouvées ou non sensibles à l'étirement, c.à.d. déclenchées ou exacerbées par l'activation des récepteurs à l'étirement du muscle hyperactif ou de son antagoniste, ou des récepteurs articulaires impliqués (Gracies, 2005b). Seules les formes d'hyperactivité musculaire établies comme sensibles à l'étirement seront décrites dans ce chapitre.

Il s'agit de la *spasticité*, de la *dystonie spastique* et de la *cocontraction spastique*. L'élément fondamental permettant la distinction entre ces trois formes d'hyperactivité est le facteur déclencheur : c.à.d. respectivement, l'étirement phasique du muscle, son étirement tonique et la commande volontaire. La dystonie spastique définie par Denny-Brown (1966), et la cocontraction spastique définie par Gracies et collaborateurs (1997), sont les formes d'hyperactivité musculaire les plus néfastes fonctionnellement. D'origine descendante, ces formes d'hyperactivité musculaire ont comme point commun une sensibilité au degré d'étirement tonique des muscles affectés. Ne faisant pas partie du débat de ce travail, la dystonie spastique ne sera cependant pas détaillée ici.

SPASTICITE
S'agissant de la réponse exagérée des muscles à leur propre étirement, la spasticité mesurée au repos est communément définie aujourd'hui comme «l'hyperactivité des réflexes d'étirement dépendant de la vitesse d'étirement en l'absence d'activation volontaire» (Lance, 1980 ; Burke et al., 1970). Chez le sujet parétique, pour une vitesse d'étirement donnée, les réponses réflexes de l'étirement du muscle sont caractérisées par une diminution du seuil et une augmentation de l'amplitude de la réponse par rapport aux sujets sains (Powers et al., 1989 ; Ibrahim et al., 1993). Bien que cette forme d'hyperactivité présente un caractère invalidant, s'exprimant par une activation inappropriée du muscle antagoniste, elle reste une composante d'hyperréflexie déclenchée en condition de repos et son impact sur le mouvement volontaire est fortement discuté (Landau, 1974 ; Sahrmann et Norton, 1977 ; O'Dwyer et al., 1996). Cependant le grade de spasticité, facilement mesurable au lit du malade, pourrait constituer pour le clinicien un marqueur de la sévérité d'autres formes d'hyperactivité musculaire sensible à l'étirement (Gracies, 2001).

COCONTRACTION SPASTIQUE
La cocontraction spastique est caractérisée par un recrutement antagoniste inapproprié déclenché par la commande volontaire dirigée sur l'agoniste en l'absence d'étirement phasique (Gracies, 2005b). Elle résulte principalement d'une anomalie de la commande descendante (Farmer et al., 1991 ; Dewald et al., 1995 ; Gracies et al., 1997) qui peut être aggravée par des réactions périphériques réflexes anormales telles que le degré d'étirement tonique des muscles

affectés (Gracies et al., 1997). L'activation des récepteurs articulaires pourrait aussi contribuer à augmenter cette sensibilité à la position, même si la plupart des afférences articulaires chez l'homme semblent entrer en jeu principalement dans les positions articulaires extrêmes (Burke et al., 1988). Les détails des arguments en faveur d'une origine descendante centrale de la cocontraction spastique sont revus plus bas dans ce chapitre.

1.3.2 Physiopathologie commune des diverses formes d'hyperactivité musculaire spastiques

Bien que la physiopathologie des réponses excessives à l'étirement du muscle ne demeure pas entièrement comprise, ces diverses formes d'hyperactivité musculaire spastique semblent partager certaines caractéristiques physiopathologiques.

a) Réarrangements neuronaux secondaires à la plasticité cérébrale

Secondairement à une lésion centrale, des phénomènes de plasticité aboutissant à une réorganisation corticale et médullaire pourraient expliquer l'hyperactivité musculaire. De façon générale, il est admis que trois grands types de processus sont mis en œuvre en phase post-lésionnelle, impliquant des mécanismes de réparation, substitution ou encore de compensation (Singer, 1982).

En ce qui concerne les possibilités de réparation, une synaptogenèse réactionnelle (Cotman et Nadler, 1978 ; Weidner et al., 2001) pourrait correspondre à une réponse d'occupation de sites synaptiques laissés vacants par une lésion, à partir de fibres épargnées par la lésion. Un processus de bourgeonnement collatéral («axonal collateral sprouting») serait ainsi considéré à même de rétablir de nouvelles connexions synaptiques. Les conséquences de cette neuroplasticité incluent l'émergence de réponses réflexes anormales et souvent excessives à l'étirement musculaire (Little, 1843).

De façon concomitante à la réorganisation anatomique, des mécanismes de substitution et de compensation mobilisant des systèmes neuronaux intacts non utilisés dans les conditions normales pourraient avoir lieu. Des exemples en sont une activité réactionnelle dans l'hémisphère controlatéral à la lésion pouvant intervenir pour pallier le déficit de l'hémisphère atteint (Farmer et al., 1991), l'intervention des faisceaux vestibulo-, réticulo-, rubro- et tecto spinaux intacts, qui pourraient compenser le comportement altéré de la musculature du coude et de l'avant-bras secondaire à une lésion du faisceau cortico-spinal dorsal (Dewald et al., 1995 ; Weidner et al., 2001).

Toutes ces formes de réarrangement pourraient conduire à une perte de sélectivité de la commande descendante et ainsi contribuer à des activations musculaires inappropriées ou exagérées (Dewald et al., 1995).

b) Augmentation de la réponse à l'étirement induite par la stimulation des FNM de muscles hypoextensibles (énoncée au préalable dans les changements des propriétés passives des muscles).

c) Augmentation de l'excitabilité motoneuronale. Bien qu'il n'y ait pas de preuve directe de l'hyperactivité des MNs α et γ chez l'homme, il y a pléthore de preuves indirectes indiquant l'existence de changements dans les potentiels de membrane pouvant générer des états de dépolarisation permanents, causes d'une décharge motoneuronale constante (Crone et al., 1988).

d) Diminution de l'inhibition présynaptique des afférences Ia. Démontrée chez l'animal par Frank et Fuortes en 1957, chez l'homme, son rôle dans la parésie spastique reste sujet à controverse. Dans les années 60-70, une diminution de l'inhibition vibratoire du triceps retrouvée chez les sujets spastiques avait conduit rapidement à considérer la diminution de l'inhibition présynaptique comme un facteur responsable de la spasticité (Ashby et al., 1974). Cependant des études récentes remettent en cause son rôle, soulignant que les fléchisseurs plantaires de la cheville sont une faible source d'inhibition présynaptique des afférences Ia et il semble improbable que ce mécanisme produise une dépression considérable du réflexe H du soléaire à la vibration du tendon d'Achille (Hultborn et al., 1996).

e) Conversion de l'Inhibition Ib en facilitation. L'inhibition Ib normalement observée chez le sujet sain semble être inversée chez le sujet hémiparétique au niveau du muscle soléaire (Crone et al., 2003) pouvant jouer un rôle dans l'hypertonie spastique, au moins des fléchisseurs plantaires.

Un dernier sujet évoqué comme potentielle source d'hyperactivité musculaire a été l'augmentation d'excitabilité des MNs γ, longuement évoquée dans les 1960-70. Cependant des études de microneurographie n'ont pu démontrer de changements dans la décharge des FNM chez les sujets spastiques (Wilson et al., 1999), rendant improbable une participation importante de troubles de la commande gamma dans la physiopathologie de la spasticité.

1.3.3 Physiopathologie spécifique de la cocontraction spastique

Outre les mécanismes énoncés ci-dessus, deux mécanismes additionnels pourraient être envisagés comme facteurs aggravant les erreurs d'aiguillage de la commande centrale vers l'antagoniste et donc la cocontraction spastique :

1) L'augmentation de l'Inhibition Récurrente de Renshaw. Elle est augmentée dans la plupart des sujets atteints d'une parésie spastique en condition de repos (Katz et Pierrot-Deseilligny, 1982) et pendant les mouvements volontaires (Katz et Pierrot-Deseilligny, 1982 ; Shefner et al., 1992). Si l'inhibition de Renshaw est également accrue lors de la contraction volontaire, elle pourrait jouer un rôle significatif dans la cocontraction spastique, en contribuant à une diminution de l'inhibition réciproque Ia (Hultborn et al., 1971a ; Taylor et al., 1984).

2) L'Inhibition Réciproque Ia. Le dysfonctionnement de l'inhibition réciproque Ia est très probable chez les sujets présentant une perturbation de l'exécution centrale de la commande volontaire, les interneurones inhibiteurs Ia étant normalement contrôlés par les voies excitatrices descendantes (Tanaka, 1974 ; Crone et al., 1988). Deux manifestations différentes peuvent avoir lieu selon que ce dysfonctionnement implique une augmentation ou une diminution de l'inhibition réciproque Ia lors de la commande motrice active. Une augmentation de l'inhibition réciproque Ia dirigé sur un muscle pourrait contribuer à l'affaiblissement de ce muscle lors d'un effort concentrique, en raison de l'étirement de son antagoniste. Une diminution de l'inhibition réciproque dirigée sur un muscle pourrait contribuer à une excessive cocontraction de ce muscle au cours d'un effort antagoniste à cause de l'influx Ia généré par le muscle agoniste qui se contracte.

La diminution de l'inhibition réciproque jouerait un rôle prépondérant dans l'hyperréflexie et la spasticité. Une diminution de cette boucle réflexe testée en condition de repos a souvent été observée chez les sujets atteints d'une parésie spastique, au niveau des motoneurones des fléchisseurs plantaires de la cheville mais surtout, les changements démontrés lors de la contraction volontaire agoniste comprennent un manque de l'augmentation normale de l'inhibition réciproque Ia dirigée vers l'antagoniste, et une absence d'augmentation de l'inhibition présynaptique des afférences Ia dirigée vers l'antagoniste. (Crone et al., 1994, 2003 ; Morita et al., 2001). Ces défaillances dans l'inhibition réciproque Ia et l'inhibition présynaptique sur les fibres Ia dirigée vers l'antagoniste au début de la contraction agoniste constituent des mécanismes qui pourraient aggraver les conséquences d'une mauvaise distribution de la commande centrale chez le parétique.

1.4 Relation force EMG, modèle physiopathologique de la parésie spastique

Les multiples changements énoncés ci-dessus ont un impact considérable sur la relation EMG-force chez le sujet atteint d'une parésie spastique. Une absence d'unanimité existe sur ce sujet qui est encore plus remarquable que celle décrite chez le sujet sain. En condition isométrique, chez le sujet hémiparétique, la production de la force musculaire dépend non seulement de la longueur du muscle et, par conséquent, de l'angle de l'articulation, mais aussi, de l'hyperactivité du réflexe d'étirement (Corcos et al., 1986), du changement des propriétés musculaires (Dietz et al., 1981) et des stratégies anormales de cocontraction antagoniste (Dewald et al., 1995 ; Bourbonnais et al., 1989; Gracies et al., 1997 ; Ikeda et al., 1998 ; Kamper et Rymer, 2001 ; Hu et al., 2006 ; Vinti et al., 2012ab).

Concernant les études des effets de la position articulaire dans la production de force musculaire isométrique, elles ont été principalement conduites chez les sujets ne présentant pas d'affections neurologiques (Buchanan, 1995 ; Chang et al., 1999). Dans la parésie spastique les études impliquent le plus souvent une seule configuration articulaire (Colebatch et al, 1986 ; Colebatch et Gandevia, 1989 ; Hammond et al., 1988 ; Fellows et al., 1994a ; Dewald et Beer, 2001 ; Chae et al., 2002., Dietz et al., 1981 ; Dietz et Berger, 1983). Peu ont comparé différentes configurations articulaires (Kamper et Rymer, 2001 ; Koo et al., 2003 ; Hu et al., 2006 ; Gracies et al. 1997 ; Ikeda et al., 1998 ; Vinti et al., 2012ab). Ces derniers auteurs observent une distribution inégale du déficit de force musculaire au cours des différentes positions articulaires à l'étude. La faiblesse motrice est accentuée tout particulièrement lors de la mise en étirement du muscle antagoniste hyperactif (Ikeda et al., 1998 ; Kamper et Rymer, 2000 ; Hu et al., 2006 ; Gracies et al., 1997 ; Vinti et al., 2012ab).

Dans la parésie spastique, les caractéristiques physiopathologiques classiques des anomalies de la commande volontaire comportent une réduction du signal électromyographique intégré associé à la perte de force musculaire par rapport au coté non atteint (Sahrmann et Norton, 1977 ; Knuttson et Richards, 1979 ; Bourbonnais et Vanden Noven, 1989). Pourtant, certains auteurs décrivent au contraire une augmentation de la pente de la relation EMG-force aux membres supérieur et inférieur chez le sujet hémiparétique au cour de contractions isométriques (Tang et Rymer, 1981 ; Filiatrault et al., 1992 ; Visser et Aanen, 1981 ; Dewald et al., 1995 ; Bourbonnais et al., 1989) et isotoniques (Dietz et al., 1981; Canning et al., 2000) plus prononcée dans les muscles fléchisseurs qu'extenseurs (Dietz et al., 1991 ; Canning et al., 2000).

Une diminution anormale de la fréquence de décharge des unités motrices venant modifier la relation EMG-force est une des premières explications avancés par certains auteurs (Tang et Rymer, 1981 ; Visser et Aanen, 1981). La fréquence de décharge des unités motrices est déprimée dans les muscles parétiques (Rosenfalk et Andreassen, 1980), chaque unité motrice individuelle contribue donc peu à la production de force, donc de nombreuses unités motrices supplémentaires doivent être recrutées pour produire un niveau donné de force musculaire. Cependant, tandis que la force produite par chaque unité motrice est faible dans ces conditions, l'activité électrique de chaque unité serait encore relativement normale, produisant ainsi une augmentation de l'EMG résultant par unité de force (Tang et Rymer, 1981).

Une diminution dans la vitesse de conduction au sein des fibres musculaires des muscles parétiques est aussi à prendre en compte. Une telle réduction se manifesterait par un ralentissement dans le temps de l'évolution du potentiel d'action des unités motrices, qui induirait une modification de la fréquence du spectre de puissance de l'EMG, plus de puissance étant répartie sur des plus basses fréquences (Lindstrom et al., 1970). Ce déclin dans la vitesse de conduction augmenterait lui-même la production de l'EMG rectifié. Enfin, une anomalie majeure pouvant causer une distorsion de la courbe EMG-force est la cocontraction des muscles antagonistes qui viendrait réduire la production de la force nette sans forcement altérer l'EMG agoniste (Bourbonnais et Vanden Noven, 1989 ; Bourbonnais et al., 1989 ; Levin et hui-Chan, 1994 ; Dewald et al., 1995 ; Gracies, 2005).

RESUME

*Le modèle physiopathologique de la parésie spastique est principalement caractérisé par des **niveaux de force diminués** par rapport aux sujets ne présentant aucune atteinte.*

*Dans les stades subaigus et chroniques de la parésie spastique, la **cocontraction spastique** du muscle antagoniste est l'une des causes de cette diminution de force produite. La cocontraction spastique est l'une des formes d'hyperactivité musculaire aggravées par l'étirement réflexe du muscle ; elle semble prédominer sur les groupes musculaires les plus raccourcis.*

*Les réarrangements cortico-spinaux dérivant de la **plasticité cérébrale** peuvent conduire à une perte de la sélectivité des activations musculaires et à une hyperexcitabilité motoneuronale, et donc à l'hyperactivité musculaire D'**origine descendante centrale**, la cocontraction spastique est une de ces conséquences directes d'une réorganisation plastique corticale et médullaire. La cocontraction spastique pourrait être liée de plus à une **augmentation de l'inhibition récurrente de Renshaw** et à une **diminution de l'inhibition réciproque Ia**. Lors de la contraction volontaire du muscle agoniste, ces phénomènes n'exercent pas leur action inhibitrice sur le muscle antagoniste et pourraient participer au phénomène de cocontraction et ainsi à la diminution de la production de force.*

*L'aggravation de la cocontraction spastique avec l'étirement du muscle hyperactif est la conséquence de deux autres mécanismes pathologiques caractérisant la parésie spastique : la **parésie** et la **rétraction des tissus musculaires**. La parésie laisse certains muscles immobilisés en positions raccourcie, premier élément de rétraction ; des réarrangements musculaires font suite à cette immobilisation donnant une perte d'extensibilité du muscle et une hypersensibilité à l'étirement des fuseaux neuromusculaires (exagération du réflexe d'étirement) ; l'hyperactivité musculaire se greffe comme deuxième élément en augmentant d'avantage cette sensibilité réflexe à l'étirement.*

*Plusieurs facteurs inhérents à la physiopathologie de la parésie spastique viennent **dénaturer la relation EMG-force** même en condition isométriques.*

2) Cocontraction antagoniste : rôles fonctionnel et pathologique

Dans l'exécution du mouvement volontaire, il semble intuitivement évident que le mouvement devrait être initié par l'activation du muscle agoniste, et que le rôle de l'antagoniste serait de laisser place à cette expression agoniste. En réalité dans la production du mouvement volontaire, les faits ne sont pas aussi simples. Le mouvement volontaire peut nécessiter un processus de contraction, puis un processus d'arrêt ou de relâchement, ou bien une activation simultanée des deux muscles, et ce sont là des événements où la cocontraction antagoniste peut avoir son utilité.

Avant d'évoquer les tableaux complexes de la cocontraction antagoniste pathologique, les questions sont les suivantes : le muscle antagoniste est-il coactivé lors d'une commande volontaire dirigé sur l'agoniste en conditions physiologiques? Si oui, cette cocontraction améliore-t-elle l'efficacité fonctionnelle? Son degré est-il excessif chez le sujet parétique? Si oui, est-ce la cause d'une réelle déficience fonctionnelle?

2.1 Un peu d'histoire

Depuis les postulats de Sherrington (1906, 1909) sur «l'innervation réciproque» qui produit une «inhibition réciproque» sur les groupes musculaires antagonistes, on a généralement pensé que ces muscles sont inactifs pendant la plupart des mouvements volontaires. Quand un muscle se contracte, un fléchisseur par exemple, le muscle extenseur antagoniste serait inactif et n'opposerait à la contraction du fléchisseur d'autre résistance que sa tonicité.

Un certain nombre de faits se sont depuis accumulés pour indiquer les circonstances qui favorisent particulièrement la cocontraction des antagonistes lors d'un mouvement volontaire, remettant en cause le concept de repos antagoniste due à l'innervation réciproque de Sherrington comme un dogme général du mouvement volontaire (Tilney et Pike, 1925 ; Wachholder et Altenburger, 1925 ; Hammond, 1954 ; Barnett et Harding, 1955). La coactivation des muscles antagonistes, est donc un autre mode d'activation motrice pouvant se substituer ou se superposer à l'inhibition réciproque lors d'un mouvement volontaire chez le sujet sain (Feldman, 1980ab).

En réalité, bien avant l'ancrage dans les mentalités du postulat de l'innervation réciproque, plusieurs auteurs avaient déjà émis l'hypothèse d'une cocontraction agoniste-antagoniste lors d'un mouvement volontaire. Duchenne de Boulogne (1867) fut le premier à souligner le caractère impérieux de la cocontraction de certains muscles affirmant que «l'action musculaire isolée n'existe pas dans la nature», postulat communément connu sous le nom de l'*harmonie des antagonistes*.

L'analyse physiologique réalisée par Beaunis en 1889 a permit de reconnaitre lors d'un mouvement volontaire chez l'animal trois combinaisons de cocontraction agoniste-antagoniste possibles. Dans la première il démontre expérimentalement que, pour un mouvement donné, les muscles antagonistes se contractaient simultanément dans la plupart des cas ; dans la deuxième, un seul des deux muscles se contractait, l'autre restait immobile, et c'était l'exception ; et dans la troisième, un des muscles se contractait, et le muscle antagoniste se relâchait et s'allongeait. Ces différentes manifestations mettaient déjà à cette époque l'accent sur la multiplicité de combinaisons agoniste-antagoniste pouvant exister lors d'une contraction volontaire, rendant le sujet de la cocontraction antagoniste difficile à résumer à une seule règle.

2.2 Caractéristiques de la cocontraction antagoniste chez le sujet sain

Dans le mouvement humain normal, la présence de la cocontraction agoniste-antagoniste et son degré demeurent inparfaitement élucidés (Smith, 1981 ; Damiano, 1993). Le niveau de cocontraction antagoniste semble augmenter proportionnellement avec la vitesse du mouvement (Wachholder et Altenburger 1925 ; Barnett et Harding, 1955), varier avec le degré d'inertie au cours du mouvement (Lestienne et Bouisset, 1968), selon le groupe musculaire considéré (Patton et Mortensen, 1971) et selon le type de contraction agoniste, étant supérieur en mode concentrique qu'excentrique (Kellis et Unnhitan, 1999).

En condition isométrique, la cocontraction antagoniste semble augmenter selon l'activation agoniste, étant proportionnellement supérieur pendant la contraction maximale volontaire (Yang et Winter, 1983 ; Hébert et al., 1991) ; elle semble aussi être dépendante de la position d'autres segments articulaires (par exemple la position de l'avant-bras en pronation ou supination au membre supérieur), et des variations angulaires (Funk et al., 1987).

Le niveau de cocontraction antagoniste pourrait aussi partiellement dépendre du sexe et de l'âge (Kelly et Unnithan, 1999 ; Osternig et al., 1995 ; Baratta et al., 1988 ; Morse et al., 2004), et varier selon ces caractéristiques pour d'autres (Seger et Thorstensson, 1994 ; Frost et al., 1997; Unnithan et al., 1996b; Spiegel et al., 1996 ; Peterson et Martin, 2010).

2.2.1 Rôle de la cocontraction antagoniste chez le sujet sain

Des théories contradictoires ont été avancées à propos du rôle de la cocontraction antagoniste dans les habilités motrices du sujet sain. En 1952, Levine et Kabat ont avancé l'hypothèse que le rôle de l'antagoniste serait d'améliorer le mouvement de l'agoniste.

De nombreux auteurs soutiennent ce point de vue, considérant la cocontraction antagoniste comme une stratégie normale d'efficience du mouvement dont le rôle principal est de stabiliser ou ralentir l'articulation notamment en fin de mouvement ou pendant le maintien d'une posture (Osternig et al., 1995 ; Simmons et Richardson, 1988 ; Baratta et al., 1988). Elle semble aussi dépendre de la spécificité de la tâche, tout particulièrement de l'intensité de force à fournir, de la direction du mouvement (Darainy et Ostry, 2008) ainsi que du positionnement du sujet (Draganich et al., 1989).

Dans la condition fonctionnelle de marche, la cocontraction antagoniste est une caractéristique commune de plusieurs muscles. Par exemple, les muscles ischio-jambiers et le droit fémoral sont décrits toujours simultanément actifs afin de pourvoir au support du tronc lors de la marche (Carlsöö et Nordstrand, 1968). La cocontraction des fléchisseurs plantaires à la cheville, étudiée par Falconer et Winter (1985), présente une distribution variable, étant prédominante pendant la phase d'appui et moins manifeste pendant la phase d'oscillation. Cette interaction dynamique entre les fléchisseurs plantaires et dorsaux semble évidente, compte tenu du rôle de la cheville de support, du poids du corps dans une base d'appui très réduite. De plus la cheville, étant une articulation charnière, doit aussi agir en contrôlant le mouvement antéropostérieur de la jambe autour du pied fixe au sol, pendant la phase d'appui.

La cocontraction antagoniste semble être une règle dès qu'il intervient une exigence de précision (Smith, 1981 ; Humprey, 1982 ; Aagaard et al., 2000) constituant un élément central des moyens par lesquels le système nerveux ajuste les mouvements à tout moments, même après la dynamique d'apprentissage (Darainy et Ostry, 2008) reflétant le caractère adaptatif du système neuromusculaire selon le mouvement désiré (Bouisset et Lestienne, 1974).

Une vue plus élaborée a été proposée par Basmajian en 1977, qui a suggéré que l'acquisition des habilités motrices s'exprime par une inhibition sélective des activités musculaires non nécessaires plutôt que par l'activation d'unités motrices supplémentaires. La cocontraction antagoniste serait donc plutôt un indicateur du degré d'apprentissage, de la même manière que chez l'enfant en cours de développement.

Au cours du développement moteur chez l'enfant, le mouvement est en effet caractérisé par une séquence de cocontractions antagonistes massives dans les premiers mois de la vie, et une inhibition réciproque progressivement de plus en plus répandue, qui devient entièrement fonctionnelle dans un système nerveux mature (Thelen et al., 1983; Gatev, 1972). Disciples de ce postulat, certains auteurs reportent que le degré de la cocontraction antagoniste pourrait diminuer après le phénomène d'apprentissage bien que les effets ne soient pas durables dans le temps (Carolane et Cafarelli, 1992 ; Gribble et al., 2003). Ainsi, la cocontraction antagoniste pourrait réfleter un défaut de stratégie du système nerveux quand il y une incertitude de la tâche à accomplir comme dans le cas des personnes âgées qui, ayant souvent des difficultés à contrôler le niveau de réduction de force, adoptent une coactivation des antagonistes (Spiegel et al., 1996 ; Seidler-Dobrin et al., 1998), ou les cas de survenue de fatigue centrale (Rodrigues et al., 2009).

2.3 Cocontraction antagoniste et méthodes de mesure

Les nombreux facteurs intervenant sur le signal EMG (énumérés au paragraphe 2.2.1 page 42) représentent des obstacles à la comparaison directe des amplitudes EMG en microvolts entre différents sujets ainsi que pour le même sujet testé à différentes sessions. Une solution consiste alors à normaliser les unités électriques, c.à.d à exprimer l'intensité de l'EMG par rapport à une valeur de référence. Différentes méthodes existent pour le calcul de cette valeur de référence, surtout lors de l'étude de la marche, et le critère de normalisation idéal ne bénéficie pas encore de consensus unanime (Yang et Winter, 1984). Une valeur de référence utilisée dans la majorité des études est celle obtenue lors d'une contraction isométrique maximale (Perry, 1992 ; De Luca, 1997). En dehors de la méthode de stimulation interpolée (Denny-Brown et Sherrington, 1928), il s'agit de tester le sujet au cours d'un effort isométrique maximal en mesurant en parallèle l'EMG du muscle sollicité. On relève alors la moyenne de l'IEMG ou de la RMS comme valeurs de référence. On dérive ensuite des valeurs dites relatives, exprimées en pourcentage de la valeur de référence. Certes, cette mesure ne permet pas d'obtenir la réelle force maximale volontaire dont un sujet est capable, représentant une potentielle source d'erreur (Allen et al., 1995). Cependant elle présente un indice de reproductibilité intra-individuel élevé (Allen et al., 1995), et un meilleur score de reproductibilité intra et inter individuel que les valeurs EMG dynamiques (Knutson et al., 1994).

Cette méthode de normalisation peut être utilisée pour la quantification du recrutement agoniste mais aussi pour la quantification du recrutement antagoniste dans l'estimation du degré de cocontraction (Gracies et al., 2009 ; Vinti et al., 2012ab, Table 1, indice 3). Dans la littérature, pour la quantification de la cocontraction antagoniste en conditions statiques ou dynamiques, physiologiques (Olney, 1985 ; Solomonow et al., 1986, 1987, 1988 ; Knutson et al., 1994 ; Falconer et Winter, 1995 ; Kellis et al., 2003) et pathologiques (Unnithan et al.,1996ab ; Frost et al., 1997 ; Levin et al., 1994, 2000 ; Ikeda et al., 1998 ; Gracies et al., 2009 ; Vinti et al., 2012ab), différentes méthodes ont été utilisées allant de simples mesures électromyographiques (Knutson et al., 1994 ; Unnhitan et al., 1996ab) à des modèles mathématiques avancés (Olney, 1985 ; Solomonow et al., 1986).

Une autre méthode de quantification de la cocontraction musculaire pourrait consister en l'estimation des forces (ou moments) musculaires exercées par chacun des muscles (quantification dynamométrique) qui entourent une articulation afin d'estimer la somme résultante des moments autour d'une articulation (Kellis et al., 2003). Cependant cette méthode aboutirait à s'éloigner du *primum movens* de la cocontraction, c'est-à-dire des activations musculaires antagonistes inappropriées, pour ne garder que sa conséquence dynamométrique, ie la force exercée, comme nous l'avons mentionné précedemment, ce qu'elle doit à de nombreux autres facteurs (angles articulaires, longueurs musculaires, raideur des composantes élastiques en série, etc.) que la simple coactivation motoneuronale.

De plus, cette dernière approche requiert du temps, est difficile à appliquer et n'aurait donc dans la pratique qu'une validité relative sur des muscles rhéologiquement modifiés, comme c'est le cas dans la parésie spastique. Cela a conduit cliniciens et chercheurs à s'appuyer sur la quantification électromyographique du mouvement pour exprimer la cocontraction musculaire.

La cocontraction est donc souvent quantifiée en comparant l'EMG des muscles intéressés, exprimés en pourcentage de valeurs EMG de référence.

Ces valeurs EMG de référence auxquelles comparer l'EMG antagoniste, ont été selon les auteurs des estimations visuelles ou automatisées de l'amplitude EMG antagoniste (Unnithan et al.,1996ab ; Frost et al 1997), des valeurs de l'EMG agoniste (Yang et Winter, 1983 ; Levin et Hui-Chan, 1994 ; Ikeda et al., 1998 ; Chae et al., 2002) ou des valeurs de l'EMG antagoniste seul (Solomonow et al., 1988 ; Knutsson et Mårtensson, 1980 ; Kamper et Rymer, 2001 ; Gracies et al., 2009 ; Vinti et al., 2012ab). Ces multiples méthodes traduisant l'absence d'uniformité dans la mesure de la cocontraction, représentant une limitation dans la compréhension du phénomène de la cocontraction physiologique et pathologique. Un récapitulatif est fourni par la Table1 (d'après Busse et al., 2005) synthétisant les différents indices de cocontraction utilisés ainsi que les facteurs qu'ils reflètent.

Tableau 1. Méthodes de calcul des indices de cocontraction - ICC, adapté de Busse et al., 2005.

Numéro	Méthode	Facteurs influant
1	Estimation visuelle de l'amplitude EMG (de surface et à aiguille) ou pourcentage du chevauchement des muscles agonistes-antagonistes considérés	- Le phénomène du cross-talk pouvant être considéré comme de l'activité musculaire peut introduire une source d'erreur (De Luca, 1997) - La normalisation permettant la comparaison entre les sujets n'est pas toujours possible. - Les méthodes d'EMG intramusculaire ne mesurent que quelques fibres et ne peuvent être considérées comme représentatives du travail musculaire.
2	Rapport entre l'activité de l'agoniste et celle de l'antagoniste	Une diminution du recrutement agoniste peut introduire un biais portant à considérer les indices de cocontraction élevés alors qu'ils ne le sont que par la diminution de l'activité agoniste. Surtout les valeurs quantitatives de ces deux EMG puisqu'obtenus dans des conditions périphériques par définition différentes.
3	Rapport de l'EMG antagoniste avec l'EMG du même muscle	Un avantage fondamental de cette méthode est que l'antagoniste est mesuré aussi dans son rôle d'agoniste. Par contre cette

		lors de sa contraction agoniste maximale	méthode ne s'intéresse pas au moment articulaire résultant (qui peut cependant être évaluée séparément, sans prétendre mesurer la cocontraction) ni à la contribution agoniste à la production du moment articulaire
4		Quantification du moment antagoniste par une modélisation mathématique	Hypothèse d'une relation linéaire EMG/moment et l'EMG peut être utilisé comme substitut de la force produite.

Pour ces travaux, l'objectif de rigueur dans les comparaisons électromyographiques nous a conduit à utiliser la méthode décrite à la 3è ligne de ce tableau, qui nous semble de loin la plus rigoureuse sur le plan neurophysiologique.

2.4 Cocontraction antagoniste exagérée chez le sujet hémiparétique ?

L'existence d'une cocontraction antagoniste exagérée, dans la parésie spastique, lors d'un mouvement volontaire, reste à l'heure actuelle un sujet de controverse aussi bien en conditions statiques que dynamiques fonctionnelles. Les avis se partagent entre ceux qui ont exclu sa présence, mettant en avant plutôt le phénomène de parésie du muscle agoniste ou les changements des propriétés passives et actives du muscle, et ceux qui relient la cocontraction antagoniste à une hyperactivité du réflexe d'étirement. Un résumé des avis niant l'existence d'une cocontraction antagoniste exagérée est fourni par le

Tableau 2.

Tableau 1, rappel. Rappel des méthodes de calcul des indices de cocontraction (ICC) afin de faciliter la lecture des tableaux 2, 3 et 4 suivants.

Numéro	Méthode
1	Estimation visuelle de l'amplitude EMG (de surface et à aiguille) ou pourcentage du chevauchement des muscles agonistes-antagonistes considérés
2	Rapport entre l'activité de l'agoniste et celle de l'antagoniste
3	Rapport de l'EMG antagoniste avec l'EMG du même muscle lors de sa contraction agoniste maximale
4	Quantification du moment antagoniste par une modélisation mathématique

Tableau 2. Bibliographie des études ne décrivant pas de cocontraction antagoniste exagérée dans la parésie spastique. ICC : numéro de l'indice de cocontraction utilisé dans l'étude (tableau de rappel). (*): L'ICC est donné par le rapport du signal EMG du muscle parétique avec le même muscle du coté non parétique considéré comme sain.

		NON COCONTRACTION ANTAGONISTE EXAGEREE			
Auteurs	Paradigme	Segment	Sujet-Pathologie	ICC	Résultats
Sahrmann et Norton (1977)	Mouvements passifs, contractions **isométriques** et **isotoniques rapides** Fléchisseurs/Extenseurs	**COUDE**	16 sujets, parésie spastique, 8 sujets sains	3	Déficit fonctionnel attribué au déficit de recrutement et de dé-recrutement du muscle agoniste
Gowland et al. (1992)	Etude des muscles proximaux et distaux	**Membre supérieur** (six tâches fonctionnelles)	44 sujets hémiparétiques, 10 sujets sains	(*)	Déficit fonctionnel lié à la parésie de l'agoniste

87

Fellows et al. (1994ab)	Contractions **isométriques** et **isotoniques** Fléchisseurs/Extenseurs	**COUDE**	25 sujets hémiparétiques, 15 sujets sains	1-3	Pas de cocontraction antagoniste exagérée mais parésie de l'agoniste proportionnelle au degré de déficit neurologique
Davies et al. (1996)	Contractions **isométriques** et **isotoniques** Fléchisseurs/Extenseurs	**GENOU**	12 sujets hémiparétiques, 12 sujets sains	3	Diminution de la force agoniste attribuée à la parésie. Cocontraction antagoniste minime ou absente
Thomas et al. (1998)	Contractions **isométriques** Fléchisseurs/Extenseurs	**COUDE**	72 sujets blessés médullaires, 18 sujets sains	2	Cocontraction antagoniste présente au même degré dans les 2 populations. Pas d'impact sur le contrôle musculaire
Canning et al. (2000)	Contractions **isotoniques** Fléchisseurs/Extenseurs	**COUDE** (tâches fonctionnelles)	16 sujets hémiparétiques, 10 sujets sains	1	Pas de cocontraction antagoniste exagérée mais incapacité à générer des patterns spatio-temporaux de contraction musculaire adéquats à la commande volontaire : excessive activation agoniste inadaptée au mouvement
Newham et Hsiao (2001)	Contractions **isométriques** Fléchisseurs/Extenseurs	**GENOU**	12 sujets hémiparétiques, 20 sujets sains	3	Déficit de force musculaire volontaire non attribuable à la cocontraction antagoniste exagérée mais à la parésie de l'agoniste

2.4.1   Spasticité?

La preuve de l'hyperréflexie à l'étirement du muscle comme un mécanisme causal de déficit du mouvement se révèle de plus en plus difficile à obtenir et son existence commence depuis quelque temps à susciter un considérable scepticisme (Landau, 1980). Premièrement, pour que la contraction antagoniste réflexe empêche le mouvement, les conditions suivantes sont nécessaires : le sujet doit avoir la capacité d'initier des contractions musculaires volontaires de l'agoniste de manière rapide, cela implique aussi bien la capacité de programmer le mouvement centralement que des niveaux de forces adéquats pour accélérer le membre suffisamment pour pouvoir évoquer l'activité des afférences Ia depuis les antagonistes ; et enfin l'antagoniste activé par voie réflexe doit être capable de générer des forces suffisamment grandes pour pouvoir interférer avec la trajectoire du mouvement agoniste.

Deuxièmement : lors des conditions habituelles d'examen, la réponse réflexe à l'étirement est évoquée d'une part en condition de repos et d'autre part en position souvent allongée ce qui ne répond pas aux conditions où cette hyperactivité pourrait s'exprimer lors de mouvements volontaires ou de tâches semi-automatiques telle que la marche (Landau, 1974 ; McLellan, 1977; Crenna, 1998). Or souvent les sujets définis comme spastiques ne montrent pas de signe d'hyperréflexie lors de l'examen clinique (Landau, 1974 ; Sinkjaer et al., 1995) ou pendant l'activation volontaire du muscle (Dietz et al., 1991, Toft et al.,1993). Cela n'apparait pas surprenant compte tenu de la régulation de ce réflexe au cours de différents types d'activité volontaire chez le sujet sain (Gottlieb et Agarwal, 1979).

En se basant sur ces observations, il en résulterait que la spasticité aurait de faibles conséquences fonctionnelles pendant le mouvement volontaire et donc son traitement serait peu justifié (Dietz et al., 1991 ; Toft et al., 1993). Cependant il faut se garder d'adopter la position extrême inverse car l'hyperexcitabilité des réflexes d'étirement des antagonistes a été démontrée pouvoir nuire à la performance motrice (Dimitrijevic et Nathan, 1967 ; Mizrahi et Angel, 1979 ; Benecke et al., 1983 ; Corcos et al., 1986) et pourrait donc influer, au moins en partie, sur la cocontraction anormale des muscles antagonistes observée chez certains patients (Knutsson et Richards, 1979 ; Knutsson et Mårtensson, 1980 ; Gracies et al., 1997 ; Gracies, 2005b).

L'existence d'une cocontraction antagoniste exagérée comme cause de déficit du mouvement volontaire en présence d'un déficit neurologique a déjà été citée il y a 140 ans. Beaunis en 1889, reportait les observations de Nothnagel (1872) et Meschede (1876), qui décrivaient chez des sujets atteints de paralysie de certains groupes de muscles, outre la paralysie, un trouble particulier de l'innervation des muscles, du bras et de la cuisse, consistant en une activation antagoniste venant s'opposer au mouvement voulu par le sujet et dans certains cas générant le mouvement contraire. A l'examen attentif, Nothnagel constatait que chez le sujet cherchant à réaliser un mouvement de flexion volontaire du bras, on ne constatait pas de différence des temps de contraction entre les muscle biceps et triceps, ces contractions ayant lieu simultanément.

Dans les années 1960, ce phénomène de cocontraction antagoniste déclenchant le mouvement dans le sens opposé à celui désiré a été largement observé et quantifié chez les blessés médullaires par Dimitrijevic et Nathan (1967) en réponse pathologique à toutes les formes de stimulation, tactile, nociceptive et proprioceptive ainsi que lors de mouvements volontaires. Ces auteurs soulignaient que l'explosivité massive et la large diffusion de la réponse antagoniste simultanée à la contraction agoniste est typique des lésions médullaires, le phénomène n'atteignant pas ce degré de sévérité après des lésions de la capsule interne ou du cortex cérébral. Des études récentes ont cependant fourni des éléments pour affirmer la présence d'une cocontraction antagoniste exagérée pouvant inverser le mouvement volontaire en présence d'atteintes cérébrales, au niveau du membre inférieur (Gracies et al., 1997) et du membre supérieur (Kamper et Rymer, 2001).

Depuis les années 1970 (Tardieu, 1972 ; McLellan, 1977 ; Knutsson et Mårtensson, 1980), le nombre d'études explorant la cocontraction antagoniste dans plusieurs configurations articulaires est resté faible (Gracies et al., 1997 ; Ikeda et al., 1998 ; Kamper et Rymer, 2001 ; Hu et al., 2006 ; Tableau 3). Une de ces études a directement mesuré l'impact de l'activation des récepteurs à l'étirement tonique du muscle hyperactif dans l'aggravation du phénomène (Gracies et al., 1997). Cette voie semble en effet à privilégier si l'on veut apporter des éléments de clarification dans le débat actuel sur le handicap fonctionnel du mouvement volontaire chez le sujet parétique spastique : *spasticité, cocontraction ou bien cocontraction spastique* ?

Tableau 3. Bibliographie des études décrivant l'existence d'une cocontraction antagoniste exagérée dans la parésie spastique. ICC : numéro de l'indice de cocontraction utilisé (Tableau 1).

Auteurs	OUI COCONTRACTION ANTAGONISTE EXAGEREE				
	Paradigme	Segment	Sujet-Pathologie	ICC	Résultats
McLellan (1977)	Contractions **isotoniques** Fléchisseurs/Extenseurs avant et après Baclofène (antispastique)	GENOU	14 sujets : parésie spastique	3	Cocontraction antagoniste exagérée inchangée par le Baclofène, à l'inverse de la réponse au réflexe d'étirement : différence dans les mécanismes physiologiques impliqués
Knutsson et Mårtensson (1980)	Mouvements passifs, Contractions **isotoniques** Fléchisseurs/Extenseurs	GENOU	24 sujets : parésie spastique	3	Cocontraction antagoniste exagérée dans les 2 directions de l'effort. Augmentation avec la vitesse du mouvement
Hammond et al. (1988)	Contractions **isométriques** Fléchisseurs/Extenseurs	POIGNET	9 sujets hémiparétiques, 5 sujets sains	2	Cocontraction antagoniste exagérée dans les 2 directions de l'effort.
El-Abd et al. (1993)	Contractions **isotoniques** Fléchisseurs/Extenseurs	COUDE	15 sujets hémiparétiques, 5 sujets sains	(*)	Cocontraction antagoniste exagérée pendant les mouvements de flexion et augmentée avec la vitesse du mouvement
Levin et Hui-Chan (1994)	Contractions **isométriques** Fléchisseurs/Extenseurs	CHEVILLE	13 sujets hémiparétiques, 7 sujets sains	2	Cocontraction antagoniste des fléchisseurs plantaires exagérée. Corrélation négative avec la force produite en flexion plantaire
Dewald et al. (1995)	Contractions **isométriques** Fléchisseurs/Extenseurs Adducteurs/Abducteurs	COUDE EPAULE	10 sujets hémiparétiques, 2 sujets sains	3	Nouveaux patterns de cocontraction antagoniste observés, spécifiques de la tâche motrice.

Gracies et al. (1997)	Contractions isométriques Fléchisseurs/Extenseurs	CHEVILLE (genou fléchi et tendu)	12 sujets hémiparétiques, 1 paraparétique	1	Cocontraction antagoniste des fléchisseurs plantaires exagérée et augmentée par la mise en étirement des gastrocnémiens (genou tendu) : *inversion de force*
Ikeda et al. (1998)	Contraction isométrique Fléchisseurs/Extenseurs	GENOU (genou fléchi et tendu)	6 sujets Infirmes Moteur Cérébraux, 6 enfants sains	3	Déficit de force lors de l'extension du genou corrélé à la cocontraction exagérée des fléchisseurs. Phénomène accru en position genou tendu
Kamper et Rymer (2001)	Contractions isométriques, isotoniques Fléchisseurs/Extenseurs	DOIGTS (6 angles différents)	11 sujets hémiparétiques, 6 sujets sains	3	Déficit d'activation volontaire des extenseurs. Cocontraction antagoniste exagérée des fléchisseurs. Augmentation en position d'étirement des fléchisseurs: *inversion de force*
Chae et al. (2002)	Contractions isométriques Fléchisseurs/Extenseurs	POIGNET	26 sujets hémiparétiques	2	Cocontraction antagoniste exagérée et corrélée avec le déficit fonctionnel
Hu et al. (2006)	Contractions isométriques Fléchisseurs/Extenseurs	POIGNET (8 angles différents)	11 sujets hémiparétiques	3	Déficit d'activation volontaire de l'agoniste dans les 2 directions de l'effort. Cocontraction antagoniste accrue en position d'étirement du poignet
Tedroff et al. (2008)	Contractions isométriques Fléchisseurs/Extenseurs	GENOU CHEVILLE	22 sujets Infirmes Moteur Cérébraux, 14 enfants sains	3	Cocontraction antagoniste exagérée dans tous les mouvements testés
Gracies et al. (2009)	Contraction isométrique Fléchisseurs/Extenseurs avant et après injection de Toxine botulique (antispastique)	COUDE	21 sujets hémiparétiques	3	Cocontraction antagoniste exagérée des fléchisseurs et extenseurs, diminuée sur les deux muscles après l'injection de toxine botulique dans les fléchisseurs seuls

2.5 Spasticité, cocontraction ou bien cocontraction spastique ?

Il semble fondamental ici de rappeler les travaux préliminaires, ayant apporté les premiers éléments de clarification sur ce débat et ayant donné naissance à ce travail. Ceci permettra de mieux comprendre les choix adoptés au cours des nos travaux personnels ainsi que la situation du problème à laquelle ils tentent de répondre.

2.5.1 Travaux préliminaires

Comme il est énoncé dans l'introduction, ces résultats expérimentaux préliminaires (Gracies et al., 1997) ont conduit à l'hypothèse suivante : chez les malades spastiques, la réponse excessive à l'étirement amplifie une anomalie de la commande descendante qui est la cocontraction antagoniste pathologique. Deux composantes sont donc présentes dans ce problème : une centrale (mauvaise distribution de la commande volontaire), et une périphérique (aggravation par l'étirement tonique du muscle cocontractant).

Gracies et collaborateurs (1997), dans le laboratoire de David Burke à Sydney, ont utilisé la dynamométrie et l'électromyographie de surface et à l'aiguille pour évaluer de manière semi-quantitative (ICC 1, tableau 1) l'activité des muscles de la cheville (tibial antérieur et gastrocnémien médial) lors de contractions isométriques en efforts maximaux et sous-maximaux de flexion dorsale et plantaire, chez 13 sujets hémiparétiques adultes âgés de 24 à 75 ans. Le sujet travaille avec sa cheville maintenue fléchie à 90 degrés et son genou maintenu soit en extension complète (gastrocnémiens étirés), soit en flexion à 90 degrés (gastrocnémiens relâchés).

La sévérité de la cocontraction antagoniste est classée en deux niveaux (en plus du niveau 'absent' signifiant aucun signal EMG détecté) : modérée, indiquant la présence d'une activité EMG antagoniste confirmée par l'EMG à aiguille avec une force persistant dans le sens désiré ; et sévère, caractérisée par la présence d'une activité EMG de l'antagoniste avec une inversion de la force dans le sens opposé à celui désiré.

Les principaux résultats issus de ces expérimentations sont les suivants :

1. La cocontraction antagoniste pathologique est présente dans les deux sens de l'effort mais supérieure dans les fléchisseurs plantaires lors des efforts de flexion dorsale.
2. Le début de l'activité antagoniste apparaît avant l'activité agoniste dans 18% des enregistrements. Certains des enregistrements EMG à l'aiguille ont pu identifier la première unité motrice recrutée dans la cocontraction comme celle étant la première recrutée dans la contraction agoniste du même muscle.
3. La prévalence des cocontractions sévères des fléchisseurs plantaires est supérieure en position genou tendu par rapport à genou fléchi (64% vs 0%, p=0,004).
4. La sévérité des cocontractions antagonistes augmente de l'effort sous-maximal à maximal, aussi bien en position genou fléchi (p=0.046) que genou tendu (p=0,014).

Composante centrale : mauvaise distribution de la commande descendante centrale

La Figure 31, montre un exemple d'effort de flexion dorsale au cours duquel survient une cocontraction involontaire des fléchisseurs plantaires, dans la situation genou en extension (Figure 31A). Lorsque le sujet fait un effort de flexion plantaire, il parvient à recruter les fléchisseurs plantaires et la force développée va dans le sens désiré. Mais une tentative de flexion dorsale va être grevée par une contraction involontaire des fléchisseurs plantaires et la force résultante va dans le mauvais sens. Un premier commentaire vient à l'esprit : ces expérimentations étant en situation isométrique (à longueur musculaire stable), la cocontraction antagoniste pathologique des fléchisseurs plantaires durant l'effort de flexion dorsale n'est pas un réflexe d'étirement. Une question est donc apparue évidente aux auteurs : est-ce une réponse réflexe à un autre stimulus?

Pour répondre à la question, il a fallu s'assurer de l'absence d'image en miroir (cross-talk) sur ces enregistrements de surface ; les auteurs ont donc étudié le délai d'apparition de la cocontraction en étirant le tracé dans la Figure 31A. Dans la Figure 31B, il est aisé de constater que la contraction des fléchisseurs plantaires a débuté avant l'activation volontaire normale des agonistes, fléchisseurs dorsaux, d'environ 200ms.

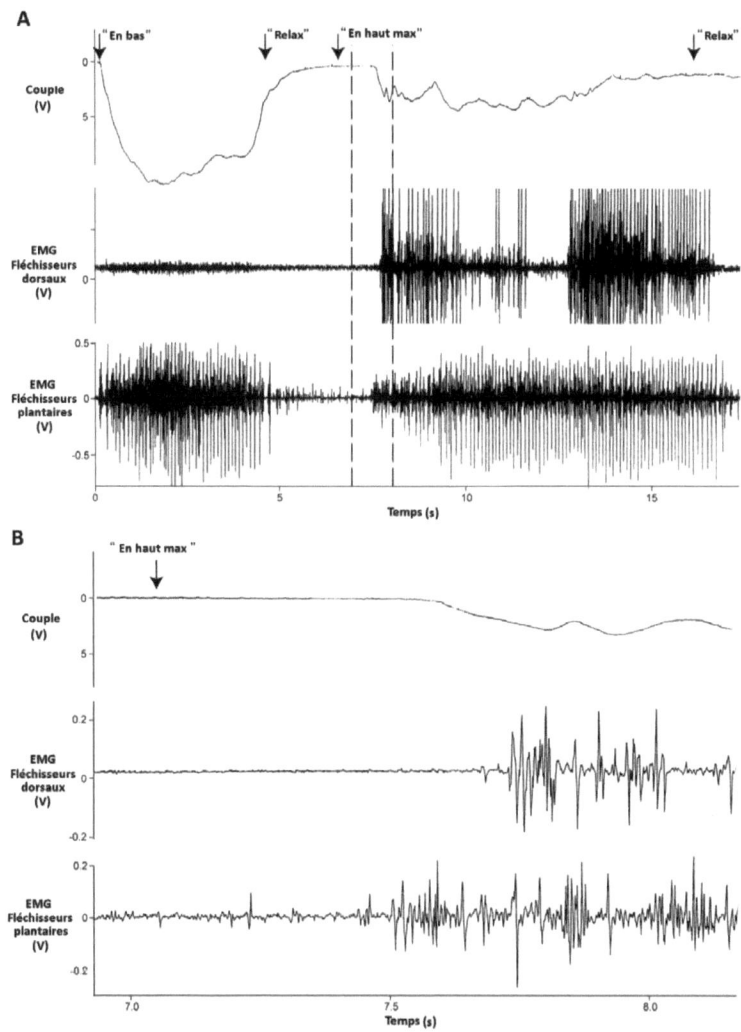

Figure 31 Efforts isométriques de la cheville position genou tendu : cocontraction antagoniste pathologique des fléchisseurs plantaires. A, en pointillé la cocontraction antagoniste des fléchisseurs plantaires lors d'un effort de flexion dorsale maximale. B, tracé EMG étiré autour du début de l'effort de flexion dorsale maximale montrant que le recrutement antagoniste débute 200ms environ avant le recrutement agoniste (d'après Gracies et al., 1997, 2005).

Ainsi cette cocontraction antagoniste pathologique a démarré avant tout changement d'environnement périphérique, puisque la cheville est maintenue en position fixe (pas de message d'étirement, ni d'influx articulaire nouveau) et que l'agoniste (fléchisseurs dorsaux) est encore au repos à cet instant (pas de message de contraction). La cocontraction est donc d'origine descendante centrale au moins en partie.

Autre argument en faveur de cette conclusion, l'observation de la morphologie des unités motrices recrutées, qui montre que la première unité motrice recrutée pendant l'effort dirigé sur agoniste est aussi recrutée en premier quand le muscle est involontairement activé dans la cocontraction. Dans la Figure 32, représentant un tracé EMG étiré, nous remarquons que l'unité motrice du tibial antérieur recrutée en premier quand le muscle agit comme agoniste pendant un effort de flexion dorsale sous-maximal (Figure 32a, 'En haut'), est aussi recrutée en premier dans la coactivation non désirée quand le tibial antérieur agit comme antagoniste pendant l'effort de flexion plantaire maximal (Figure 32b, 'En bas max').

De la même manière dans le gastrocnémien médial, une large unité motrice recrutée lors de la flexion plantaire maximale (Figure 32c, 'En bas max'), est rapidement recrutée pendant sa cocontraction lors de l'effort de flexion dorsal sous-maximal (Figure 32d, 'En haut').

En regroupant les arguments du délai d'activation antagoniste anticipé sur l'agoniste et de la morphologie identique des unités motrices, on suggère que la cocontraction antagoniste dans la parésie spastique est initiée par une mauvaise distribution de la commande centrale supraspinale et qu'elle n'est pas une contraction réflexe déclenchée en périphérie.

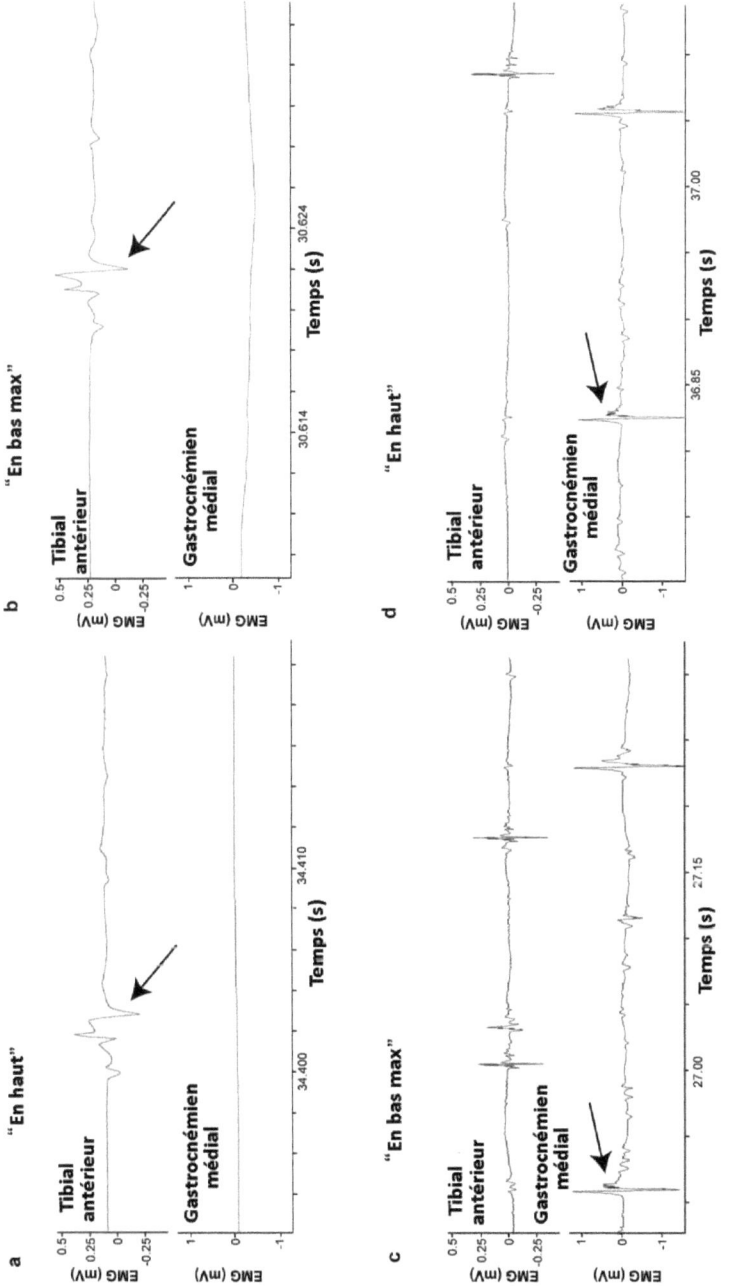

Figure 32. Recrutement des unités motrices pendant l'effort agoniste et la cocontraction antagoniste (d'après Gracies et al., 1997).

Composante périphérique : aggravation par l'étirement tonique du muscle

Le pourcentage des cocontractions antagonistes sévères des fléchisseurs plantaires augmente considérablement (64%) lors du passage de la position genou fléchi à genou tendu (mise en étirement des muscles gastrocnémiens, biarticulaires). L'aggravation à l'étirement de cette forme de cocontraction est le point central différenciant cette forme de cocontraction des cocontractions physiologiques observées chez le sujet sain. A coté d'un changement de signal articulaire pouvant influer sur le mouvement, les auteurs suggèrent que le changement périphérique majeur entre les deux situations genou fléchi et genou tendu, est le degré d'étirement tonique imposé aux muscles gastrocnémiens.

Ce phénomène n'a pas été observé dans les muscles fléchisseurs dorsaux ne présentant aucune augmentation en position genou tendu par rapport à la position genou fléchi (0% vs 21%, p=0,25). Parmi les deux groupes d'antagonistes, les fléchisseurs plantaires semblent les plus enclins à développer des rétractions dans la parésie spastique. Il est probable que la cocontraction antagoniste chez le sujet parétique spastique prédomine sur le muscle le plus rétracté du couple agoniste-antagoniste autour des articulations.

Synthèse des travaux préliminaires

Quatre points principaux sont à retenir à l'issue de ces travaux : 1) la cocontraction antagoniste spastique n'est pas une simple exagération du réflexe d'étirement du fait de sa manifestation en condition isométrique ; 2) la survenue de l'activité antagoniste avant le début de l'activité agoniste suggère que cette cocontraction est au moins en partie, d'origine centrale ; 3) d'un point de vue fonctionnel, la cocontraction antagoniste joue un rôle majeur dans l'inversion potentielle de la force désirée ; et enfin 4) la mise en jeu, même tonique, des récepteurs à l'étirement du muscle spastique aggrave les cocontractions pathologiques de ce muscle lors d'un effort du muscle opposé, d'où le nom de cocontraction-spastique.

2.5.2   Autres arguments en faveur d'un contrôle central de la cocontraction antagoniste

D'autres explications physiopathologiques en faveur d'un contrôle central de la cocontraction antagoniste sont retrouvées dans la littérature.

Comme Denny-Brown (1966), Humphrey a réalisé chez le singe des dommages sélectifs de populations neuronales spécifiques au niveau cortical (1982). Il a proposé l'existence de deux classes séparées de cellules motrices corticales, la première étant responsable de l'activation des muscles agonistes intervenant dans la production de mouvements volontaires rapides et linéaires, la seconde étant responsable de la cocontraction de muscles antagonistes qui fournit le contrôle de l'impédance tonique ou raideur articulaire pour faire face à des perturbations externes.

Des lésions du cortex préfrontal par l'AVC, peuvent ainsi s'exprimer par des déficits de coordination entre les systèmes de commande réciproque et de coactivation musculaire (Humphrey et Reed, 1983; Feldman, 1980ab). Autre hypothèse, la diminution de l'excitabilité des cellules de Purkinje dans le cervelet, par la perte de projections cortico-pontines endommagées dans un accident vasculaire cérébral, pourrait favoriser la coactivation antagoniste (Tilney et Pike, 1925 ; Smith, 1981).

2.6 Cocontraction antagoniste et phase d'oscillation de la marche dans la parésie spastique

De multiples anomalies cinématiques sont observées au cours de la marche chez la plupart des patients atteints d'une parésie spastique, qui conduisent à des modifications des caractéristiques spatio-temporelles de la marche. Les paramètres spatio-temporaux chez le sujet hémiparétique ont largement été étudiés (Peat et al., 1976; Pinzur et al.,1987; Brandstater et al., 1983; Olney et al., 1994) montrant une réduction de la vitesse de marche, diminution de la longueur du pas et augmentation du temps d'appui du coté hémiparétique aux dépends des temps oscillants (Pinzur et al., 1987).

Les déviations cinématiques significatives observées dans le plan sagittal pendant la phase d'oscillation de la marche incluent, une diminution du pic de flexion de hanche, une diminution du pic de flexion de genou, une diminution de l'extension du genou au contact du talon au sol et une diminution ou absence de la flexion dorsale de la cheville (Knutsson et Richards, 1979 ; Winter, 1991).

L'insuffisance ou absence de flexion dorsale de la cheville pendant la phase d'oscillation et au contact du talon au sol est l'une des principales déviations cinématiques reportées chez les sujets hémiparétiques (Perry et al., 1978 ; Berger et al., 1984 ; Knutsson et Richards, 1979 ; Knutsson, 1981; Lehmann et al., 1987; Olney et al., 1994 ; Shiavi et al., 1987 ; Hesse et al., 1996). Les effets immédiats de cette insuffisance peuvent être des difficultées de passage du pas par l'accrochage du pied sur le sol et, l'empêchement de l'avancement du membre (Figure 33).

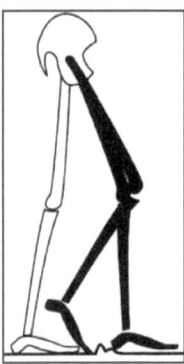

Figure 33. Milieu d'oscillation. Accrochage des orteils au sol par le manque de flexion dorsale de la cheville (d'après Perry, 1992).

Le diagnostic EMG des activations musculaires en condition post lésionnelle est difficile au cours de la marche (Crenna, 1998). Plusieurs raisons peuvent être énoncées, notamment la complexité biomécanique de la marche, la superposition de possibles mécanismes de compensations musculaires agonistes et antagonistes liés au maintien de l'équilibre (Conrad et al., 1983 ; Lamontagne et al., 2000) et l'existence de grandes différences interindividuelles dans la cinématique des membres aussi bien chez le sujet sain (Winter, 1991 ; Falconer et Winter, 1995) que pathologique (Knutsson et Richards, 1979).

Néanmoins, les causes de réduction ou absence de flexion dorsale au cours de la phase d'oscillation les mieux identifiées et décrites dans la littérature sont :

a) Parésie du tibial antérieur

Elle s'exprime dans l'incapacité à générer des moments musculaires de flexion dorsale (Peat, 1976 ; Knutsson et Richards, 1979 ; Knutsson, 1981 ; Olney et al., 1994). Une diminution de la quantité EMG du tibial antérieur dépendante de la vitesse de marche se traduit chez l'enfant cérébrolésé et chez l'adulte hémiparétique par un pattern de marche en équin lors de la phase d'oscillation (Knutsson et Richards, 1979 ; Knutsson, 1981 ; Winters et al., 1987 ; Perry, 1978 ; Shiavi et al., 1987). Souvent cependant, l'activité EMG intégrée du tibial antérieur pendant la phase d'oscillation chez le sujet hémiparétique adulte apparaît peu différente des sujets sains (Burridge et al., 2001) voire augmentée ou prolongée dans sa durée (Dietz et al., 1981 ; Berger et al., 1984 ; Lamontagne et al., 2002 ; Den Otter et al., 2007) sans être pour autant accompagnée d'une flexion dorsale active du pied.

b) Raccourcissement adaptatif des muscles fléchisseurs plantaires.

Les changements dans les propriétés rhéologiques du système muscle-tendon au niveau des fléchisseurs plantaires de la cheville peuvent considérablement influer sur le comportement de l'articulation lors de la phase d'oscillation augmentant la résistance mécanique à la rotation articulaire lors de la flexion dorsale (Tardieu C et al., 1989 ; Dietz et al., 1981 ; Dietz et Berger, 1983 ; Berger et al., 1982, 1984). Leur caractérisation objective lors de la marche impliquerait l'analyse de la relation entre le moment et l'angle articulaire mais cela imposerait l'absence d'activité des muscles agonistes et antagonistes, au cours de la phase de marche étudiée (Frigo et Crenna, 2009). À cet égard, l'EMG pourrait être utilisé pour évaluer le critère de «repos musculaire» tout en quantifiant l'augmentation des moments articulaires. Cependant l'augmentation des moments articulaires de flexion dorsale est très rarement accompagnée par l'absence de l'activité EMG des fléchisseurs plantaires rendant difficile le diagnostic de ce phénomène en condition dynamiques (Crenna, 1998).

c) Spasticité des muscles fléchisseurs plantaires

L'activation de certains muscles lors de la marche commence au cours de leur propre allongement rendant facile le lien avec l'activation des réflexes d'étirements (Falconer et Winter, 1995), et difficile son exclusion comme cause de déficit chez les patients spastiques atteints de réflexes d'étirement exagérés. En effet l'hyperactivité des fléchisseurs plantaires est souvent caractérisée par une bouffée EMG prématurée et exagérée du soléaire ou des gastrocnémiens lors de la phase de transition de l'appui à la phase d'oscillation ou bien en fin d'oscillation (Perry et al., 1978 ; Knutsson et Richard, 1979 ; Hesse et al., 1996).

Bien que Romberg dès 1851 ait observé que le lien entre l'exagération des réflexes monosynaptiques et l'hypertonie spastique n'est pas une évidence, la présence d'une hyperactivité réflexe à l'étirement (spasticité), a été longtemps par la suite affirmée ou sous-entendue comme cause évidente de déficit de relevé actif du pied lors de la phase d'oscillation de la marche (Phelps, 1932 ; Bobath, 1977 ; Perry et al., 1978 ; Knuttson et Richards, 1979 ; Pierrot-Deseilligny , 1990 ; Shiavi et al., 1987 ; Hesse et al., 1996). L'hypothèse est que la spasticité, sous forme de réflexes hyperactifs, produirait une suractivité dans les muscles du mollet qui opposerait une résistance à la flexion dorsale de la cheville.

Plusieurs arguments mettent en cause cette hypothèse. Premier élément, chez le sujet sain, l'excitabilité du réflexe d'étirement semble ajustée différemment dans les deux phases du cycle de marche (Capaday et Stein, 1986 ; Crenna et Frigo, 1987). Elle augmente en effet à sa valeur maximale lors de la phase d'appui quand le pied est à plat au sol et le corps pivote au-dessus créant un étirement maximal du triceps - la contribution du réflexe d'étirement à l'activation du soléaire est alors estimée entre 30 et 60% pendant la première phase d'appui (Yang et al., 1991) - puis elle diminue drastiquement après le décollement des orteils. Pendant l'ensemble de la phase d'oscillation, une diminution de l'excitabilité du réflexe d'étirement a en effet été observée, l'EMG n'étant alors que partiellement corrélé aux changements de longueur du muscle soléaire (Crenna et Frigo, 1987). Au cours de la marche, les réflexes s'avèrent donc dépendre de la tâche fonctionnelle, contribuant majoritairement à la phase d'appui pour fournir une aide dans le maintien de la position verticale du corps contre la gravité et étant plus faibles au cours de la phase d'oscillation quand ils s'opposeraient à la flexion dorsale de la cheville (Capaday et Stein, 1986).

Certes, les patients atteints de parésie spastique ont une faible capacité à inhiber les réponses réflexes (Knutsson and Mårtensson, 1980 ; Berger et al., 1984 ; Ibrahim et al., 1993) et la possibilité d'une diminution de l'inhibition réciproque liée à une augmentation de l'inhibition de Renshaw pouvant augmenter l'excitabilité à l'étirement pendant la phase d'oscillation est à prendre en compte (Tanaka, 1974 ; Katz et Deseilligny, 1982 ; Crone et al., 1988). Tout étirement réflexe anormalement augmenté pourrait alors contribuer à l'hyperactivité des fléchisseurs plantaires interférant ainsi avec la flexion dorsale du pied.

Cependant, l'exagération du réflexe d'étirement du triceps pendant la flexion dorsale passive du pied en phase d'appui ne semble pas corrélée avec une augmentation EMG additionnelle des gastrocnémiens dont l'activité reste à un niveau constant durant la totalité de la période d'étirement après le pic initial du contact du pied au sol (Dietz et al., 1981 ; Berger et al., 1984 ; Lamontagne et al., 2002). De même chez l'enfant cérébrolésé la sensibilité du triceps à l'étirement se révèle dans la toute première phase d'appui mais elle n'apparait pas en phase d'oscillation (Crenna, 1998). L'ensemble de ces arguments suggèrent que l'exagération du réflexe d'étirement lors de la phase d'oscillation de la marche pourrait expliquer seulement en partie la déficience fonctionnelle de relevé actif du pied lors de la phase d'oscillation, si et seulement si il y a eu un début de flexion dorsale effective, ce qui ne se réalise que chez une partie des patients parétiques.

d) Cocontraction antagoniste

Une cocontraction excessive des muscles antagonistes peut être aussi un facteur de réduction de la flexion dorsale lors de la marche du sujet parétique spastique (Winter, 1991). Cependant la littérature portant sur la quantification de la cocontraction antagoniste lors de la phase d'oscillation est rare et il existe une absence de consensus quant à une méthode quantitative de mesure de la cocontraction. Le Tableau 1 reporte certaines des publications ayant quantifié la cocontraction au cours de la phase d'oscillation de la marche.

Tableau 4. Etudes portants sur la phase d'oscillation de la marche chez les sujets parétiques : A, ne reportant pas de cocontraction exagérée des fléchisseurs plantaires ; B reportant une cocontraction antagoniste exagérée des fléchisseurs plantaires.

A. PHASE D'OSCILLATION DE LA MARCHE : NON COCONTRACTION

Auteurs	Paradigme	Segment	Sujet-Pathologie	ICC	Résultats
Dietz et al. (1981)	Marche Fléchisseurs/Extenseurs	CHEVILLE	10 sujets spastiques, 20 sujets sains	1	Pas de cocontraction des fléchisseurs plantaires. Changements dans les propriétés actives des muscles
Berger et al. (1984)	Marche Fléchisseurs/Extenseurs	CHEVILLE	15 sujets hémiparétiques	1	Flexion dorsale limitée malgré une action agoniste du tibial antérieur. Pas de spasticité, pas de cocontraction des fléchisseurs plantaires. Changement dans les propriétés du actives des muscle
Hesse et al. 1996	Fléchisseurs/Extenseurs Avant et après injection de toxine dans le triceps	CHEVILLE	15 sujets hémiparétiques	1	Activité prématurée des fléchisseurs plantaires lors de la phase d'oscillation diminuée par la toxine chez 9/12. Pas d'amélioration voire dégradation chez 3/12 patients qui présentaient une cocontraction des fléchisseurs plantaires
Lamontagne et al. (2000)	Marche Fléchisseurs/Extenseurs	CHEVILLE	13 sujets hémiparétiques, 15 sujets sains	1	Pas de cocontraction antagoniste exagérée. Parésie du tibial antérieur et augmentation de la raideur cheville

A. PHASE D'OSCILLATION DE LA MARCHE : QUI COCONTRACTION

Auteurs	Paradigme	Segment	Sujet-Pathologie	ICC	Résultats
Knuttson et Richards (1979)	Fléchisseurs/Extenseurs	HANCHE GENOU CHEVILLE	26 sujets hémiparétiques	1	4/19 patients présentaient un pattern de cocontraction des fléchisseurs plantaires et pas de réponse exagérée à l'étirement (spasticité)
Unnithan et al. (1996ab)	Fléchisseurs/Extenseurs	GENOU CHEVILLE	9 sujets infirmes moteurs cérébraux, 8 enfants sains	1	Cocontraction antagoniste des fléchisseurs plantaires exagéré et corrélée à une augmentation du coût énergétique

A la lecture de cette table, deux éléments sont à souligner : dans les études qui reportent une activité prématurée ou exagérée du soléaire ou du gastrocnémien, il y a une portion de l'échantillon de sujets considérés, qui présente une cocontraction antagoniste non explicable par l'hyperactivité du réflexe d'étirement (Knutsson et Richards, 1979 ; Hesse et al., 1996). Ces sujets font partie du groupe III défini par Knutsson et Richards (1979) caractérisé par des patterns de cocontraction des fléchisseurs plantaires. Ces sujets ne présentent pas de changement, voire une aggravation de cette activité prématurée du triceps au début de la phase d'oscillation après injection de toxine botulique (Hesse et al., 1996), constat analogue à celui de McLellan (1977) qui a rapporté une diminution de la spasticité par l'administration de baclofène sans changement de la cocontraction antagoniste. D'autres études ont fait état de résultats similaires chez l'enfant cérébrolésé (Sutherland et al., 1969, 1996 ; Detrembleur et al., 2002 ; Bottos et al., 2003).

La littérature chez l'enfant Infirme Moteur Cérébral (IMC) rapporte plus volontiers la cocontraction antagoniste exagérée comme l'un des premiers facteurs de dysfonctionnement de la marche (Crenna 1998, Unnithan et al., 1996ab), cocontraction qui conduit à une consommation excessive d'oxygène (Unnithan et al., 1996a). Cependant l'absence de consensus est présente aussi au sein de cette population quant au rôle fonctionnel de cette cocontraction antagoniste. En effet pour certains auteurs la cocontraction antagoniste excessive même présente, a plutôt un rôle fonctionnel assurant la rigidification de l'articulation pour limiter le déséquilibre lors de l'avancement du membre (Berger et al., 1982, Berger, 1998). Ces derniers expliquent des différences possibles entre enfants et adultes par le fait que les cocontractions antagonistes semblent similaires à celles décrits lors des premiers pas chez l'enfant sain (Gatev et al., 1972) représentant une synergie «protective» face à un système moteur immature (Frost et al., 1997).

Synthèse bibliographique

Le parcours de cette revue de littérature laisse émerger deux éléments principaux: premièrement la rareté des études consacrées au phénomène de cocontraction antagoniste, et deuxièmement la difficulté de sa quantification. Le nombre de méthodes utilisées pourrait conduire à des résultats différents, rendant difficile la comparaison entre les études.

Néanmoins, bien que des doutes peuvent surgir quant à l'éventuel risque de surestimation de ce phénomène, et bien que des éléments communs à la cocontraction antagoniste observée chez le sujet sain peuvent être identifiés tels que son augmentation avec la vitesse du mouvement (Knutsson et Mårtensson, 1980 ; El-Abd et al., 1993) et sa variabilité selon la tâche motrice (Dewald et al., 1995 ; Tedroff et al., 2008) un élément clé est indiscutable dans la discrimination entre cocontraction physiologique et cocontraction pathologique du parétique : la sensibilité par rapport à l'étirement du muscle antagoniste dans le degré de manifestation de la cocontraction antagoniste, phénomène propre à la parésie spastique.

RESUME

*L'action du muscle antagoniste chez le sujet sain semble être gouvernée par deux mécanismes différents sous contrôle descendant. Le premier est l'**inhibition réciproque** du muscle antagoniste lors de l'activation agoniste et le second la **cocontraction antagoniste.***

*Une des limitations majeures dans la compréhension de l'impact de la cocontraction antagoniste sur le déficit moteur, est l'**absence d'uniformité dans les méthodes de mesure**.*

*La présence d'une cocontraction antagoniste exagérée dans la parésie spastique demeure un sujet de **controverse**. Plusieurs études émergentes apportent des éléments témoignant d'un impact conséquent sur la fonctionnalité des membres, allant jusqu'à renverser la production de la force dans le sens non désiré.*

*Des travaux préliminaires ont suggéré la probable coexistence d'une **anomalie de la commande descendante** et d'une **anomalie périphérique** liée à l'exagération du réflexe d'étirement, comme origines probables du phénomène de cocontraction spastique. La cocontraction du muscle antagoniste semble en effet être aggravée par la mise en étirement du muscle antagoniste hyperactif.*

*La cocontraction antagoniste pourrait être une des causes venant **limiter le relevé actif du pied** lors de la **phase d'oscillation** de la marche du sujet parétique spastique. La littérature est extrêmement limitée sur ce sujet, soulignant la nécessité d'études de quantification du phénomène.*

3) Cocontraction spastique et toxine botulique

Les questions signalées dans les paragraphes précédents quant à l'origine neurophysiologique et aux caractéristiques biomécaniques de la cocontraction spastique, laissent supposer la difficulté d'une prise en charge thérapeutique adaptée. Néanmoins, plusieurs pistes sont à l'étude. Les principales sont :

> L'entraînement en mouvements alternatifs rapides, éventuellement aidé par un robot de rééducation, qui réduirait les cocontractions antagonistes autour de l'articulation entraînée, probablement par une amélioration progressive du ciblage de la commande descendante (Bütefisch et al., 1995 ; Hu et al., 2007).

> L'allongement physique - ou la ré-augmentation de l'extensibilité - du muscle cocontractant, par des programmes agressifs d'étirement quotidiens prolongés, pour diminuer le facteur d'aggravation qui est la mise en jeu des récepteurs à l'étirement du muscle. Un ré-allongement du muscle hyperactif viendrait en effet réduire la sensibilité des fuseaux neuromusculaires à l'étirement en diminuant leur capacité à aggraver une cocontraction antagoniste exagérée (Gracies, 2005ab).

> La répétition itérative d'une stimulation électrique fonctionnelle de l'agoniste, qui semblerait produire, outre une diminution de la spasticité, une réduction immédiate de la cocontraction de l'antagoniste, concomitante à une augmentation de la flexion dorsale de cheville lors de la marche (Yan et al., 2005).

> Les injections focales de toxine botulique sur le muscle antagoniste le plus hyperactif et raccourci autour d'une articulation (Gracies et al., 2009).

3.1.1 Traitements médicamenteux et hyperactivité musculaire

Le traitement médicamenteux de première intention dans la prise en charge de l'hyperactivité musculaire spastique est la toxine botulique (TB) (Simpson et al., 2009). Jusqu'à une période récente, les médicamenteux par voie orale étaient souvent employés en première intention mais plusieurs arguments ont conduit à considérer aujourd'hui ces traitements comme un choix de second ordre chez les patients atteints d'une parésie spastique (Simpson et al., 2009 ; AFSSAPS, 2010 ; Yelnik et al., 2010). En effet les médicaments tel le baclofène, la tizanidine et le dantrolène réduisent le tonus musculaire sans améliorer nécessairement la fonction motrice (Landau, 1995 ; Smith et al., 1992 ; United Kingdom Tizanidine Trial Group, 1994 ; Gracies et al., 2002). De plus, l'administration de ces médicaments par voie orale provoque une parésie généralisée de toute la musculature du corps, et donc aussi de celle contrôlant les mouvements volontaires résiduels, représentant le prix de l'abolition des réflexes présumés symptomatiques (Landau, 1974 ; Gracies et al., 2002). Ces arguments, se combinent aussi à une mauvaise tolérance avec des effets indésirables insidieux, tels que sédation, fatigabilité, somnolence. Enfin, ces dépresseurs synaptiques systémiques inhibent la plasticité cérébrale, nécessaire à toute récupération de la commande centrale (Bütefisch et al., 2000).

Une étude en double aveugle comparant la TB, la tizanidine et le placebo après une lésion cérébrale traumatique ou accident vasculaire cérébral a récemment confirmé toxine botulique comme traitement de première intention de l'hyperactivité musculaire spastique, à la fois pour une meilleure efficacité et une meilleure tolérance par rapport à un traitement systémique (Simpson et al., 2009).

L'intérêt de la toxine botulique dans le traitement de l'hyperactivité musculaire spastique est connu depuis les années 1990 (Das et Park, 1989). Bien que les études contrôlées restent limitées à ce jour, l'utilisation de la toxine botulique dans la prise en charge de l'hyperactivité musculaire chez l'adulte parétique a augmenté de façon exponentielle pendant la dernière décennie. Cependant la grande majorité des essais cliniques testant la toxine botulique dans la parésie spastique est restée concentrée sur l'étude des résistances au mouvement passif souvent par l'examen clinique (i.e le tonus musculaire, Gracies et Simpson, 2000) aussi bien au membre supérieur (Das et Park, 1989 : Hesse et al., 1992 ; Smith et al., 2000) qu'inférieur (Hesse et al., 1996 ; Burbaud et al., 1996), sans aborder la quantification de l'activité antagoniste pendant l'effort moteur ni d'éventuelles modifications de la fonction active volontaire (Gracies et Simpson 2003). De ce fait la littérature portant sur la quantification de l'impact de la toxine botulique sur la cocontraction spastique est très restreinte.

D'autre traitements locaux de l'hyperactivité musculaire existent, tels que les injections intramusculaires ou périneurales d'alcool ou de phénol, qui, bien que présentent les avantages d'un moindre coût, d'une plus grande stabilité et de l'absence d'anticorps dirigé contre eux, sont moins souvent adoptés que la TB, préférée en raison de la réversibilité de l'intervention, de la sélectivité motrice du bloc et de la rareté des effets indésirables (Gracies et al., 2002). Néanmoins, l'alcool et le phénol peuvent être plus appropriés que la TB dans les cas sévères dans lesquels le but du traitement n'est pas le rétablissement des fonctions actives, mais plutôt l'hygiène et le confort.

3.1.2 Toxine botulique (TB) et mécanismes d'action

La toxine botulique est une protéine produite par la bactérie anaérobie *Clostridium botulinum*, extrêmement neurotoxique. Cette bactérie et certaines souches d'autres espèces bactériennes, produisent sept sérotypes (de A à G) de toxine botulique (Hatheway, 1989).

Le type A (TB-A) est le mieux caractérisé, et fut le premier sérotype utilisé en médecine par injection dans les années 1970, dans le traitement du strabisme (Scott, 1980). Depuis 1989, d'autres affections ont étés autorisées par les agences européennes et américaines de réglementation des médicaments comme indications pour le traitement avec la TB-A. La TB-A a en particulier obtenu l'autorisation de mise sur le marché pour l'infirmité motrice cérébrale et la spasticité adulte dans de nombreux pays européens y compris la France. La toxine botulique est actuellement commercialisée sous forme de TB-A sous les noms commerciaux suivants : Botox® (Allergan), Dysport® (Ipsen) et Xeomin® (Merz). La TB-B est vendue sous le nom de NeuroBloc®.

Les toxines botuliques se fixent spécifiquement aux terminaisons des motoneurones du système nerveux périphérique sans les détruire (Montecucco et Schiavo, 1994), pénètrent dans leur cytosol par un mécanisme d'endocytose et agissent en intracellulaire en bloquant la libération présynaptique de neurotransmetteurs, principalement l'acétylcholine (Simpson, 1989 ; Hamjian et Walker, 1994). Elles provoquent ainsi la dénervation des fibres motrices et donc une parésie flasque du muscle (Poulain, 1994). Ce blocage s'accompagne d'une repousse neuronale avec mise en place de nouvelles synapses permettant la récupération fonctionnelle de la neurotransmission (Moyer et Setler, 1995).

3.1.3 Justifications à l'utilisation de la TB dans la cocontraction spastique

L'hyperactivité musculaire au sein de la parésie spastique, n'est pas distribuée de façon symétrique entre les muscles, étant particulièrement sévère dans certains groupes. On observe souvent un déséquilibre entre des agonistes légèrement hyperactifs et des antagonistes sévèrement hyperactifs et raccourcis avec comme résultante une orientation de la force dans la direction du muscle le plus hyperactif (Denny-Brown, 1966 ; Tardieu et al., 1979 ; Gracies et al., 1997 ; Gracies et Simpson, 2003). Ce déséquilibre entre agonistes et antagonistes est un facteur clé dans le handicap des mouvements intentionnels fonctionnels.

Contrairement aux traitements systémiques, les traitements locaux permettent un affaiblissement sélectif des muscles hyperactifs ciblés, avec une plus grande possibilité de rééquilibrage des forces, programmé localement articulation par articulation. Trois objectifs sous-tendent le bloc partiel d'un muscle spastique avec la toxine botulique injectée au sein de ce muscle : 1) la réduction de la cocontraction spastique au sein du muscle injecté et de son antagoniste (Gracies, 2004, 2009) ; 2) l' allongement du muscle injecté, avec des manœuvres d'étirement rendues plus faciles (Cosgrove et Graham 1994 ; Corry et al., 1998 ; Eames et al., 1999) et 3) l'augmentation de la force générée par l'effort agoniste (Gracies et al., 2009).

1. Réduction de la cocontraction antagoniste du muscle injecté et de son antagoniste

L'injection de TB dans le muscle hyperactif devrait influer sur tous les mécanismes primaires de déficit du mouvement dans le membre parétique. Des études récentes au membre supérieur hémiparétique rapportent une diminution de la cocontraction spastique à la fois du muscle injecté (fléchisseurs) et de son antagoniste (triceps) (Gracies et al., 2001, 2009). Une hypothèse suggérée à l'issue de ces travaux est que l'injection intramusculaire de TB pourrait bloquer la synapse cholinergique de la collatérale du motoneurone concerné vers l'interneurone inhibiteur de Renshaw (Tyler 1963 ; Gracies 2004). Ce blocage de l'inhibition récurrente de Renshaw sur les motoneurones du fléchisseur injecté augmenterait l'inhibition réciproque de ce muscle vers les motoneurones extenseurs au cours de la contraction des fléchisseurs, diminuant ainsi la contraction antagoniste des extenseurs (Hulborn et al., 1971 ab). Bien sur, pour que cette hypothèse soit vraie il faudrait une action rétrodromique de la toxine ou d'une partie active de la molécule à la racine de l'axone dont la terminaison a été pénétrée, un phénomène qui reste controversé (Poulain, 1994 ; Hagenah et al, 1977).

2. Allongement du muscle injecté

L'injection de TB permet non seulement un étirement musculaire plus facile du muscle hyperactif raccourci mais aussi une diminution de l'hyperactivité musculaire, elle-même facteur d'aggravation du raccourcissement musculaire.

Le raccourcissement du muscle par l'hyperactivité musculaire soutenue a été montrée depuis les années 1920 (Ranson et Dixon, 1928) et ensuite quantifiée (Tabary et al., 1981). Ainsi, tout moyen de réduire l'hyperactivité musculaire devrait aider à prévenir la rétraction rendant possible l'allongement musculaire. Cette hypothèse a été vérifiée par des études portant sur les membres supérieur et inférieur spastiques des enfants atteints de parésie infantile (Corry et al., 1997, 1998 ; Eames et al., 1999). Depuis les travaux de Tardieu et collaborateurs (1972), on sait en effet qu'un muscle sous immobilisation, voit ses sarcomères se multiplier en série s'il se trouve dans une position d'allongement. Le travail musculaire en amplitude (c'est-à-dire le fait de solliciter le muscle en prenant garde de lui permettre de s'allonger complètement) est donc susceptible d'augmenter le nombre de sarcomères en série, même si rien n'est encore prouvé dans ce domaine chez les patients parétiques.

3. Augmentation de la force agoniste

La diminution de la cocontraction du muscle injecté devrait augmenter le couple développé par l'antagoniste. Les travaux de Gracies et collaborateurs portant sur le membre supérieur hémiparétique ont montré que 160 unités de TB-A injectées dans le biceps réduisent sa cocontraction et augmentent de 20% le couple maximal des extenseurs tandis que le couple des fléchisseur de coude a été réduit de 30% (Gracies et al., 2001, 2009).

RESUME

*Le traitement focal par les injections de **toxine botulique** est aujourd'hui le **traitement de première intention** dans la prise en charge de l'**hyperactivité musculaire** au sein de la parésie spastique. L'hyperactivité musculaire étant distribuée d'une façon asymétrique, la toxine botulique permet l'affaiblissement ciblé des muscles les plus hyperactifs.*

*La toxine botulique **bloque la libération présynaptique d'acétylcholine** au niveau de la jonction neuromusculaire, provoquant un effet de dénervation des fibres motrices et donc une **parésie flasque du muscle**.*

*L'**effet** de la toxine botulique **sur la cocontraction antagoniste** a été **peu étudié**. Les premières études ont rapporté une diminution de la cocontraction spastique aussi bien sur le muscle injecté que sur l'antagoniste non injecté.*

CHAPITRE II - Caractérisation de la cocontraction spastique en conditions statiques - isométriques

Rappel des hypothèses. Les hypothèses de ces travaux sont les suivantes :

1. Les sujets hémiparétiques présenteront un degré de cocontraction antagoniste exagéré créant un couple d'opposition au mouvement voulu, en l'absence de tout étirement du muscle (condition isométrique) permettant d'exclure la spasticité comme cause ; cependant cette cocontraction sera aggravée par la mise en étirement du muscle antagoniste hyperactif et le niveau de l'effort.

2. L'exacerbation de ces cocontractions spastiques avec la mise en étirement du muscle hyperactif devra aussi limiter l'expression du motoneurone agoniste – un phénomène non décrit jusqu'alors à notre connaissance, que nous appellerons *parésie sensible à l'étirement* - et influer sur la perception de l'effort, contribuant ainsi à une sensation de faiblesse augmentée ou de fatigue perçue par le sujet lors d'une contraction musculaire volontaire.

Pour la validation de ces hypothèses, les différents travaux expérimentaux ont été réalisés avec le même paradigme expérimental, présenté plus bas. La méthodologie de quantification de la perception de l'effort sera décrite dans la deuxième partie de ce travail, qui lui est consacrée.

Validation des hypothèses du point 1

> *1) Influence de l'intensité de l'effort et de l'étirement du gastrocnémien sur la cocontraction des fléchisseurs plantaires et sur la force de flexion dorsale dans la cheville saine et hémiparétique.*

Ce travail a donné lieu à une publication dans le journal *Clinical Neurophysiology (Vinti et al., 2012)*.

1.1 RESUME

Objectifs. La cocontraction spastique est une mauvaise distribution de la commande descendante dans la parésie spastique. Nous avons quantifié l'influence du niveau de l'effort et de l'étirement des gastrocnémiens sur la cocontraction des fléchisseurs plantaires et du couple au cours d'efforts isométriques de flexion dorsale chez des sujets hémiparétiques et des sujets sains. *Méthodes*. Dix-huit sujets sains et dix-huit sujets avec une hémiparésie ont réalisé des efforts 'légers', 'moyens' et 'maximaux' de flexion dorsale et plantaire dans deux positions différentes des gastrocnémiens, étirés (genou tendu) et relâchés (genou fléchi), la cheville restant à 90 En mesurant le couple de la cheville et l'EMG de surface du soléaire et du gastrocnémien médial, nous avons calculé pour chaque position du genou l'Indice de Cocontraction (ICC) comme le rapport de la moyenne quadratique (Root Mean Square, RMS) de l'EMG du muscle agissant comme antagoniste et de la RMS de ce même muscle lorsqu'il agit comme agoniste dans un effort maximal. *Résultats*. La cocontraction était anormalement élevée chez les sujets hémiparétiques à tous les niveaux d'effort, par exemple, pour le soléaire en position genou tendu (ICC_{SO} 0.37 ± 0.08 chez les sujets hémiparétiques *vs* 0.18 ± 0.02 chez les sujets sains, $p<0.05$). Chez les sujets hémiparétiques en position genou tendu, le couple de flexion dorsale (i) diminuait au fur et à mesure de l'augmentation de l'effort, de léger à maximal, (ii) était inversé en flexion plantaire ou nul dans 26% des essais, (iii) était corrélé négativement avec l'ICC des fléchisseurs plantaires. *Conclusions*. L'effet dynamométrique majeur de la cocontraction quand le muscle cocontractant est en position étirée peut justifier des modifications de la longueur du muscle (par exemple par des programmes «d'étirements agressifs», tels les étirements quotidiens prolongés ou les modifications chirurgicales de la longueur musculaire) pour améliorer la fonction active dans la parésie spastique.

Au cours des dernières décennies, la mesure et le traitement de la «spasticité» ont été le principal sujet dans la prise en charge des patients atteints d'une parésie spastique. Les réponses hyperactives des muscles à des étirements phasiques (c.à.d. aux mouvements d'étirement) ont longtemps été considérées comme responsables de la diminution de la production du couple des agonistes au cours du mouvement volontaire (Buchthal et Clemmesen, 1946 ; Rushworth, 1964 ; Ashworth, 1964 ; Bobath, 1967 ; Mizrahi et Angel, 1979).). En conséquence, des médicaments dits «anti-spastiques» ont été développés dans le seul but de réduire les réflexes d'étirement ; de même des techniques de kinésithérapie ont été conçues avec pour but principal de réduire les «patterns réflexes» spastiques exagérés (Bobath, 1967, 1977) ou de les intégrer dans des mouvements intentionnels complexes (Vojta, 1968). Bien que ces interventions chimiques et physiques aient réussi la plupart du temps à réduire les réflexes spastiques, aucune amélioration ultérieure de la fonction motrice n'a été observée (Sahrmann et Norton, 1977 ; Landau, 1995 ; O'Dwyer et al., 1996 ; Knutsson, 1983). Les études dans la parésie infantile ont souligné la persistance de la faiblesse musculaire, même quand la «spasticité» était chirurgicalement supprimée (McLaughlin et al., 2002 ; Buckon et al., 2002 ; Ross et Engsberg, 2002). En fait, toutes les études contrôlées contre placebo ont montré que les médicaments visant à diminuer ces réflexes aggravent systématiquement la faiblesse motrice (Latash et Penn, 1996 ; Gracies et al, 2002). Ainsi, l'hyperactivité des réflexes d'étirement n'est probablement pas *en soi* un facteur significatif de faiblesse motrice ou de déficience fonctionnelle. Une autre hypothèse est explorée. Nous avons défini la cocontraction spastique comme une mauvaise direction de la commande s descendante, aggravée par la position allongée du muscle cocontractant (Gracies et al., 1997, 2005b). La cocontraction spastique semble être plus sévère dans le muscle le plus retracté d'une paire d'antagonistes autour d'une articulation (Gracies et al., 1997, 2005b). Le phénomène se produit indépendamment de tout étirement phasique (Gracies et al., 1997 ; Ikeda et al., 1998). Un lien entre haut degré de cocontraction antagoniste et faiblesse musculaire a déjà été suggéré dans la parésie infantile (Ikeda et al., 1998 ; Granata et al., 2000 ; Damiano et al., 2000) et dans l'hémiparésie adulte (Hammond et al., 1988 ; Levin et al., 1994 ; Chae et al., 2002 ; Gracies et al., 2009). Cette étude a pour but de quantifier l'influence de l'étirement des gastrocnémiens sur (i) la cocontraction antagoniste et (ii) la production du couple à travers des efforts d'intensité croissante (légers, moyens et maximaux) de la cheville en flexion dorsale et plantaire chez des sujets sains et hémiparétiques. L'hypothèse principale est que l'étirement des gastrocnémiens augmenterait anormalement la cocontraction antagoniste aussi bien dans les muscles gastrocnémiens que dans le soléaire dans l'hémiparésie, ce qui entraverait de manière significative la production du couple de flexion dorsale. Une seconde hypothèse est que la cocontraction des fléchisseurs plantaires serait pathologiquement augmentée avec l'effort de flexion dorsale chez les sujets hémiparétiques.

1.3 Matériels et méthodes

Population

Cette étude a été menée en conformité avec les règlements du comité local d'éthique (*Comité de Protection des Personnes Ile-de-France IX*). Dix-huit sujets hémiparétiques (6 femmes ; âge 54 ans ± 12, moyenne ± écart-type) de l'unité de neurorééducation du département de Médecine Physique et Réadaptation de l'Hôpital Albert Chenevier (Créteil, France) et 18 sujets sains (10 femmes ; âge 41 ans ± 13) se sont prêtés à des évaluations dynamométriques de la force musculaire par un appareil isocinétique. Les critères d'inclusion pour les sujets hémiparétiques étaient (i) la présence d'une hémiparésie secondaire à un accident vasculaire cérébral ayant eu lieu au moins six mois avant les mesures, et (ii) amplitude passive de flexion dorsale de la cheville d'au moins 90° (mesures par l'Echelle de Tardieu, Gracies et al., 2010) avec le genou fléchi ou tendu. Les critères d'exclusion comportaient la présence d'une maladie intercurrente ou un dysfonctionnement cognitif affectant la capacité de participer à l'étude.

Procédure expérimental

Afin de caractériser le groupe de sujets hémiparétiques, l'examen clinique a comporté des mesures de l'angle et du grade de la spasticité pour les fléchisseurs plantaires de cheville en utilisant l'échelle de Tardieu (Gracies et al., 2010), de la longueur du pas et de la vitesse de marche (vitesse confortable et maximale) pieds nus sur 10 mètres sur un terrain plat (Tableau 5).

Evaluation du couple de la cheville

L'évaluation isométrique du couple de la cheville a été réalisée en utilisant un appareil dynamométrique (Contrex ™, Suisse). Les sujets étaient confortablement installés en position demi-assise avec la cheville du côté testé sanglée à une plaque tournante, fixée à 90° de flexion dorsale (Figure 34). L'axe entre les deux malléoles était utilisé comme repère osseux pour faire correspondre l'articulation de la cheville avec l'axe de rotation de l'adaptateur de résistance.

117

Coté Parétique	Spas SO Angle	Spas SO Grade	Spas CGS Angle	Spas CGS Grade	Vitesse marche (m/sec) Spontanée	Vitesse marche (m/sec) Maximale
G	10	4	20	4	0.37	0.40
G	15	2.5	8	2	0.50	0.56
G	15	3	7	2.5	0.64	1.01
D	25	3	12	2	0.68	0.83
D	30	2.5	12	3	0.67	0.83
G	15	2.5	7	2	0.95	1.18
D	7	1.5	6	1.5	0.53	0.67
D	7	2	5	2	0.44	0.69
D	4	2	3	1.5	0.59	0.71
G	10	2	3	1.5	0.87	1.14
G	5	1.5	4	1.5	0.45	0.71
G	17	3	5	1.5	0.77	0.91
D	10	1.5	15	1.5	0.42	0.59
G	15	2	5	1.5	0.77	1.11
G	10	1.5	5	1.5	0.34	0.56
D	6	2.5	5	1.5	0.83	0.91
G	10	3	7	3	0.75	1.20
D	17	4	7	4	0.71	1.11
Moyenne 9G	12.7	2.44	7.6	2.11	0.64	0.84
Ecartype	6.8	0.8	4.5	0.8	0.17	0.24

Tableau 5. Caractéristiques cliniques. Spas SO, spasticité du soléaire : flexion dorsale réalisée avec le genou en position fléchie ; Spas CGS, spasticité du complexe gastrosoléaire : flexion dorsale réalisée avec le genou en position tendue.

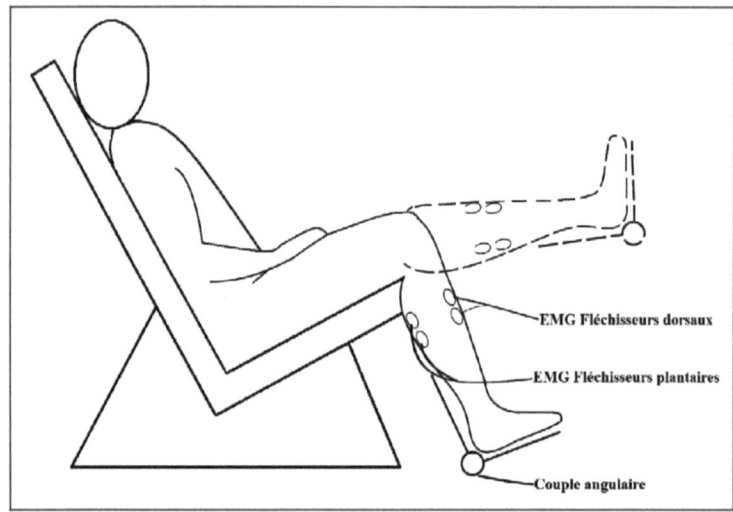

Figure 34 Paradigme expérimental. Une jauge angulaire de contrainte mesure le couple des fléchisseurs dorsaux et plantaires exercé autour de la cheville. Des électrodes de surface recueillent l'activité EMG des fléchisseurs dorsaux et plantaires de la cheville dans deux positions de genou : fléchi et tendu.

Toutes les procédures ont été réalisées par le même évaluateur. Le positionnement de la cheville à 90° de flexion dorsale a été précédé par quelques mouvements lents et passifs à vitesse basse (10°/sec) allant de la position d'étirement minimal à celle d'étirement maximal des fléchisseurs plantaires, afin de familiariser le sujet avec l'appareil. Les sujets ont ensuite effectué une flexion dorsale isométrique maximale («levez le pied aussi fort que possible») puis une flexion plantaire isométrique maximale («pousser votre pied vers le bas aussi fort que possible») pour un échauffement avant le test lui-même. Chaque sujet a alors effectué un effort isométrique dans chacun des trois différents niveaux d'intensité (léger, moyen et maximal) en flexion dorsale et par la suite trois efforts équivalents en flexion plantaire. Chaque effort a été maintenu pendant 5 secondes, et vérifié par un contrôle EMG. Les sujets ont été testés dans deux positions du genou : genou tendu et genou fléchi à 90° (Figure 34). La position de la hanche était maintenue fléchie (entre 80° et 100°) au cours des expérimentations. Pour les mesures quantitatives, compte tenu de l'erreur de mesure de l'appareil pour de faibles couples, seuls les niveaux de couple fléchisseur de plus de 2 Nm ont été considérés comme «positifs» en termes de capacité à aider le début de flexion dorsale du pied.

Evaluation EMG

L'activité musculaire a été évaluée par l'EMG de surface simultanément à partir des fléchisseurs dorsaux de la cheville (Tibial Antérieur, TA) et des fléchisseurs plantaires (Soléaire, SO et Gastrocnémien Médial, GM) avec des paires d'électrodes de surface (ARBO H135TSG, dispositif ME 6000 à partir du système électronique MEGA). La peau était nettoyée et abrasée avec de l'alcool avant application des électrodes. Le positionnement des électrodes était réalisé selon les recommandations de Basmajian et Blumenstein (1980). Le signal a été amplifié (gain = 1000) et filtré à l'aide de filtres coupe-bande pour supprimer l'interférence de la ligne à haute tension (50 Hz) et ses harmoniques. Chaque filtre coupe-bande a été centré sur la fréquence de 50 Hz$_{xi}$, avec i allant de 1 à 9, et une bande passante de 4 Hz. Les signaux filtrés ont été rectifiés pour obtenir un profil d'amplitude. Tous les calculs ont été effectués par un programme écrit avec le logiciel Matlab (version 7.1, Natick, Massachusetts - USA). A partir des mesures d'EMG de surface nous avons calculé la moyenne quadratique (Root Mean Square, RMS) de l'agoniste et de l'antagoniste lors de chaque effort. À partir de ces données, nous avons calculé un Indice de Cocontraction (ICC) de chaque fléchisseur plantaire, défini dans chaque position de genou comme le rapport de la RMS du muscle lorsqu'il agit comme antagoniste de l'effort désiré (efforts de dorsiflexion 'léger', 'moyen' et 'maximale') à la RMS du même muscle quand il agit comme un agoniste au cours d'un effort maximal isométrique de

119

flexion plantaire (500 ms autour du pic de l'EMG redressé, Figure 35). Alors qu'un tel enregistrement EMG de surface à l'aide des électrodes dans les positions définies est suffisant pour établir une distinction entre soléaire et gastrocnémien médial lorsque l'effort est léger ou moyen, cette sélectivité n'est plus optimale lors des efforts maximaux. Cependant, la plupart de l'activité enregistrée proviendrait encore du muscle sous-jacent et cette limitation est reconnue.

Analyse statistique

Après une analyse descriptive utilisant les valeurs moyennes et les écart-types de toutes les variables continues, une analyse de la variance à mesures répétées (ANOVA) à 3 facteurs d'inte ction (effort x position x groupe) a été réalisée pour examiner les différences dans la

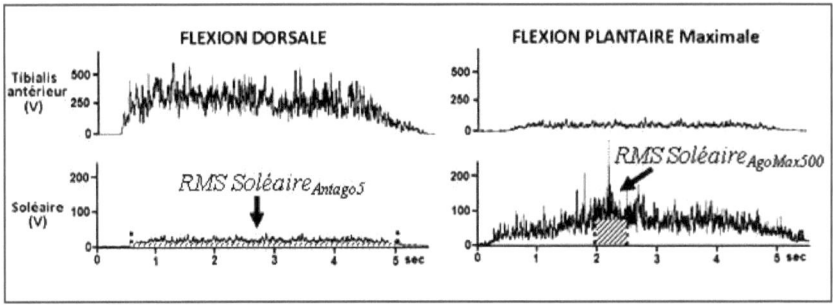

Figure 35. Calcul de l'Indice de Cocontraction (ICC). Exemple de l'ICC du soléaire. 1. La référence RMS maximale agoniste du soléaire est moyennée sur l'intervalle de 500 ms autour du pic de la tension lors d'un effort de flexion plantaire maximale : RMS SoléaireAgoMax500 (côté droit, zone hachurée). 2. La RMS antagoniste du soléaire est calculée sur un effort de flexion dorsale de 5 secondes: RMS Soléaireantago5 (côté gauche, zone hachurée). L'indice de cocontraction soléaire au cours de cet effort de flexion dorsale de 5-secondes est obtenu par le rapport RMS Soléairesantago5 /RMSSoléaireAgoMax500.

cocontraction et le couple entre les groupes (sain et hémiparétique) à des niveaux d'effort différents (léger, moyen, maximale) et dans deux positions (genou fléchi et tendu). Une analyse ANOVA à mesures répétées à 2 facteurs d'interaction (effort x position) a été ensuite réalisée pour chaque groupe afin de détecter les effets séparés et combinés de l'effort et de la position ; et une analyse ANOVA à un facteur (groupe) pour détecter les différences entre les groupes, tous les efforts combinés et dans chaque position de genou. Les comparaisons multiples ont ensuite été réalisées par les corrections de Bonferroni. Les tests des Rangs de Wilcoxon ont aussi été utilisés pour les comparaisons entre groupes pour les couples et les ICC de tous les efforts. Compte tenu des variations avec l'âge chez le sujet sain du couple maximal (Morse et al., 2004 ; Lindle et al., 1997 ; Seidler-Dobrin et al., 1998) et des cocontractions antagonistes

(Frost et al., 1997 ; Peterson et Martin, 2010 ; Seidler-Dobrin et al., 1998), nous avons exploré dans notre échantillon la corrélation entre l'âge et les deux variables d'étude. Le seuil de significativité a été fixé à p<0,05.

1.4 Résultats

Dans les échantillons de sujets sains et hémiparétiques à l'étude, le couple et la cocontraction antagoniste n'étaient pas corrélés avec l'âge (corrélations de Pearson) ; dans ce qui suit, nous avons donc comparé les variables sans prendre en compte le facteur âge.

Mesures du couple

Efforts de flexion dorsale

La moyenne du couple de flexion dorsale au cours de tous les efforts et pour chaque effort considéré individuellement a été supérieure chez les sujets sains comparativement aux sujets hémiparétiques dans les deux positions (au cours de tous les efforts, couple genou fléchi, 20,1 ± 1,3 vs 8,8 ± 1,0 Nm, p<0,0001, moyenne ± ETM ; genou tendu, 21,5 ± 1,5 vs 8,0 ± 1,3 Nm, p<0,0001, test des Rangs de Wilcoxon, Figure 36A). L'analyse de variance à 3 facteurs a mis en évidence une interaction entre les niveaux d'effort, la position et le groupe (ANOVA, $F_{7,182}$= 2,49, p= 0,018) pour le couple de flexion dorsale.

Groupes et positions de genou confondus, on retrouve une augmentation globale du couple avec le niveau d'effort, du léger, au moyen et au maximal ($F_{2,187}$= 5,53, p<0,01). Tous efforts combinés, il existe une interaction entre le groupe et la position ($F_{2,190}$= 55,12, p<0,0001). En particulier, lorsque les sujets hémiparétiques sont assis avec le genou en extension, 26% des essais ont présenté une inversion du couple (couple de flexion plantaire au lieu de flexion dorsale) ou aucune production de couple. Nous retrouvons une interaction entre la position et le niveau d'effort presque significative chez les sujets sains avec une augmentation du couple de la position genou fléchi à tendu lors des efforts de flexion dorsale moyenne et maximale, par opposition aux efforts légers (ANOVA, $F_{2,95}$= 2,71, p= 0,07), cette tendance disparaît chez les sujets hémiparétiques ($F_{2,87}$= 0,32, p= 0,73, Figure 36A).

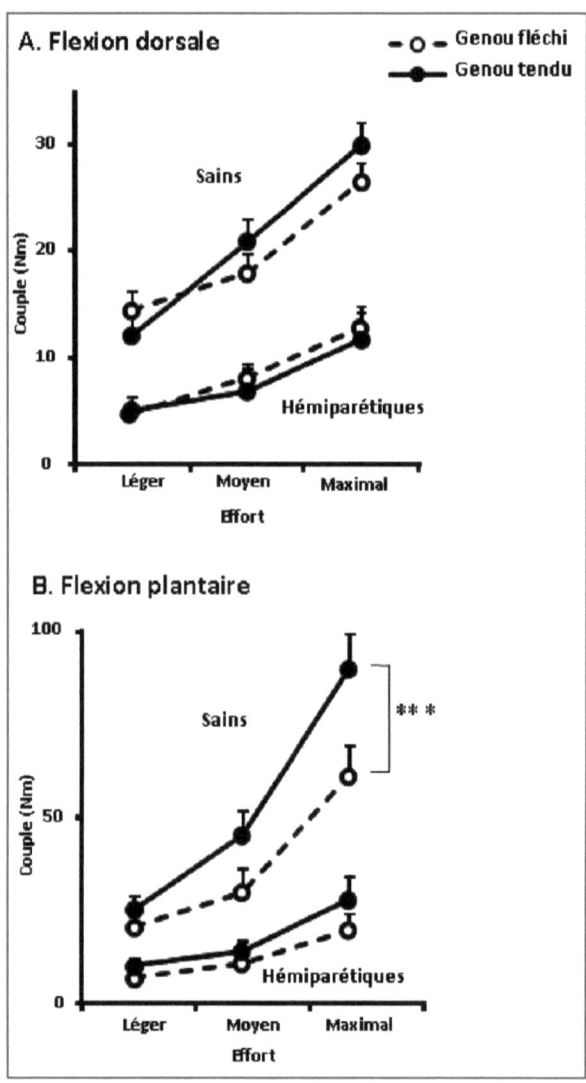

Figure 36. Mesures du couple. Couple de flexion dorsale (A) et plantaire (B) de cheville pendant 3 efforts gradués (léger, moyen, maximal) chez les sujets sains (partie supérieure) et hémiparétiques (partie inférieure). Les lignes pointillées sont les valeurs produites en position genou fléchi. Les lignes continues, les valeurs en position genou tendu. ***, p<0,001.

Efforts de flexion plantaire

La moyenne du couple de flexion plantaire de tous les efforts et pour chaque effort considéré individuellement est supérieure chez les sujets sains comparativement aux sujets hémiparétiques dans les deux positions (genou fléchi, $37,1 \pm 4,4$ vs $12,4 \pm 1,9$ Nm, p<0,0001 moyenne $\pm$ SEM ; genou tendu, $53,8 \pm 5,5$ vs $17,6 \pm 2,6$ Nm, p <0,0001, test des Rangs de Wilcoxon, Figure 36B). L'analyse de variance à 3 facteurs montre une forte interaction entre niveau de l'effort, position et groupe (ANOVA, $F_{7,196}= 7,53$, p<0,0001) pour le couple de flexion plantaire. Quelle que soit la position du genou, les sujets sains et hémiparétiques présentent une augmentation du couple avec l'augmentation du niveau d'effort, ($F_{2,202}= 16,87$, p<0,0001, Figure 36B). Chez les sujets sains, nous mettons en évidence une interaction entre l'effort et la position ($F_{2,100}= 4,68$, p<0,05), l'augmentation du couple avec l'effort est supérieure en position genou tendu par rapport à la position genou fléchi. Une telle interaction effort position n'est pas présente chez les sujets hémiparétiques ($F_{2,96}= 0,64$, p= 0,53, Figure 36B).

Cocontraction

Différences globales entre les sujets sains et hémiparétiques

La moyenne de l'indice de cocontraction du gastrocnémien médial (GM) dans tous les efforts de flexion dorsale (3 niveaux d'effort combinés) est plus élevée dans le groupe hémiparétique que chez les sujets sains dans les deux positions (genou fléchi CCI$_{GM}$ $0,48 \pm 0,04$ chez les sujets hémiparétiques vs $0,37 \pm 0,03$ chez les sujets sains, p<0,01 moyenne $\pm$ SEM; genou tendu CCI$_{GM}$ $0,47 \pm 0,07$ chez les sujets hémiparétiques vs $0,16 \pm 0,01$ chez les sujets sains, p<0,0001, Figure 37A). La moyenne des indices de cocontraction dans le soléaire (SO) dans tous les efforts de dorsiflexion (3 niveaux d'effort combinés) est plus élevée dans le groupe hémiparétique que chez les sujets sains dans la position genou tendu (genou tendu CCI$_{SO}$ $0,37 \pm 0,08$ chez les sujets hémiparétiques vs $0,18 \pm 0,02$ chez les sujets sains, p<0,05), mais pas dans la position genou fléchi (genou fléchi CCI$_{SO}$ $0,18 \pm 0,02$ chez les sujets hémiparétiques vs $0,23 \pm 0,03$ chez les sujets sains, NS).

Effets de l'effort et de la position

L'analyse de variance à 3 facteurs a démontré une interaction entre l'effort, la position et le groupe pour l'indice de cocontraction du soléaire (ANOVA, $F_{7,190}= 2,30$, p<0,05) et du gastrocnémien médial (ANOVA, $F_{7,190}= 2,26$, p<0,05). Dans chaque position du genou, il y a une augmentation globale des indices de cocontraction avec l'effort qui n'est pas différente entre les sujets sains et hémiparétiques pour le soléaire ($F_{2,196}$= 0,68, p= 0,51), et pour le gastrocnémien médial ($F_{2,196}$= 1,12, p= 0,33). Pour la cocontraction du soléaire, aucune interaction n'est présente chez les sujets sains ou chez les sujets hémiparétiques entre l'effort et la position (sains, $F_{2,97}$= 1,17, p= 0,31; hémiparétiques $F_{2,93}$= 0,04, p= 0,96) . Cependant, pour la cocontraction du gastrocnémien médial, les sujets sains présentent une interaction entre l'effort et la position ($F_{2,97}$= 6,58, p<0,01), dans laquelle l'augmentation de l'indice de cocontraction du gastrocnémien médial avec l'effort a été plus grande en position genou fléchi (p<0,0001) que genou tendu (p= 0,008); une telle interaction n'est pas observée chez les sujets hémiparétiques ($F_{2,93}$= 0,02, p= 0,98).

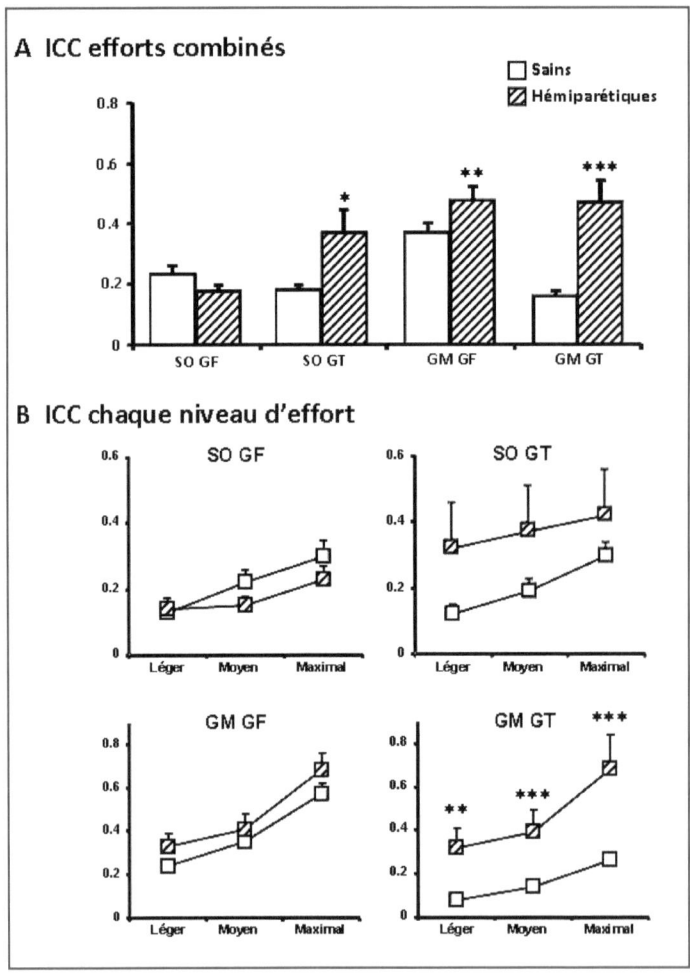

Figure 37. Indices de Cocontraction (ICC). A. Tous les efforts combinés. B. Pour chaque niveau d'effort. * p <0,05; ** p <0,01, *** p <0,001 SO GF et SO GT: soléaire genou fléchi et genou tendu; GM GF et GT: gastrocnémien médial genou fléchi et tendu.

Une forte interaction est présente entre la position et le groupe, quelque soit l'effort, pour le soléaire ($F_{2,196}$= 9,37, p<0,001) ou pour le gastrocnémien médial ($F_{2,196}$= 21,91, p<0,0001), dans laquelle la position genou tendu diminue les indices de cocontraction chez les sujets sains pour le gastrocnémien médial (un effet présent dans chaque effort, léger, p <0,01; moyen, p<0,0001; maximal, p<0,0001, analyse post-hoc, Figure 37B), tandis que cette position a laissé inchangés les indices chez les sujets hémiparétiques. Pour le soléaire, la position genou tendu a augmenté les indices de cocontraction chez les sujets hémiparétiques (p <0,001, Figure 37B) ce qui n'est pas le cas chez les sujets sains. La Figure 38 illustre un cas particulier d'augmentation de la cocontraction avec le changement de la position du genou, particulièrement clair pour le soléaire, chez un sujet hémiparétique.

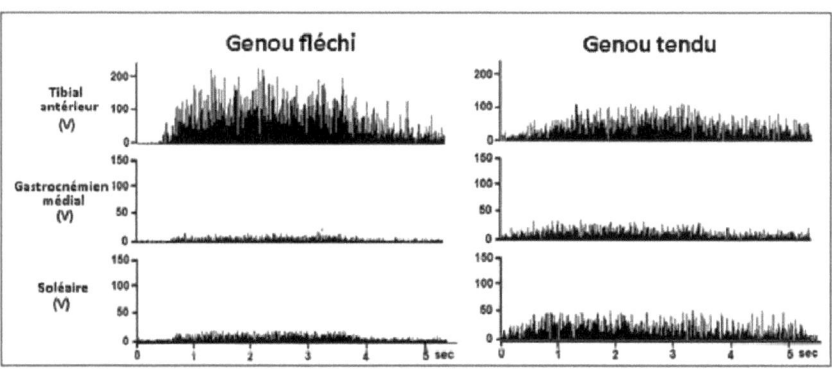

Figure 38. L'activité EMG lors d'un effort de flexion dorsale maximale. Activité EMG des fléchisseurs plantaires et dorsaux représentée dans les deux positions de genou : fléchi et tendu. A noter l'augmentation de la cocontraction des fléchisseurs plantaires avec l'extension du genou.

Corrélations entre cocontraction et couple

Chez les sujets sains, les indices de cocontraction ont été positivement corrélés avec le couple de flexion dorsale dans les deux positions (genou fléchi et tendu; données illustrées uniquement pour la position genou tendu, Figure 39A) et dans les deux muscles, gastrocnémien médial et soléaire. Cependant, chez les sujets hémiparétiques, la cocontraction du soléaire et du gastrocnémien médial a été négativement corrélée avec le couple de flexion dorsale (Figure 39B).

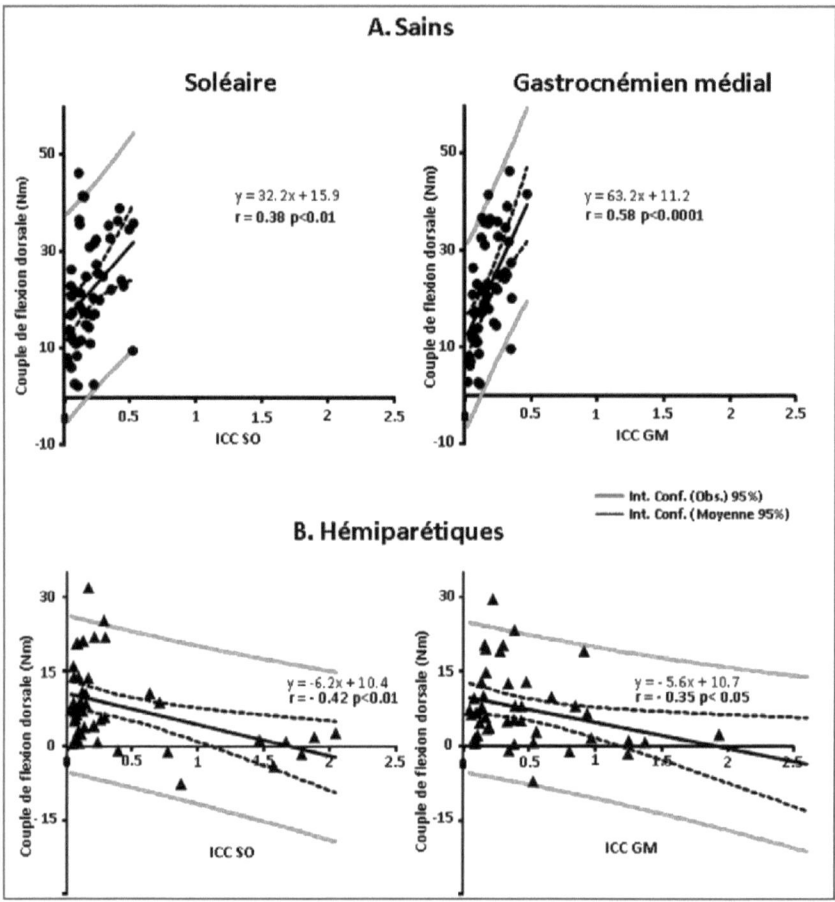

Figure 39. Corrélations entre les indices de cocontraction et le couple - genou tendu. A. Sujets sains; B. sujets hémiparétiques ; r, coefficients de corrélation, p, significativité du test de corrélation de Pearson; ICC SO: cocontraction du soléaire ; ICC GM : cocontraction du gastrocnémien médial.

1.5 Discussion

Les résultats de cette étude portant sur des efforts isométriques de cheville chez des sujets sains et hémiparétiques réalisés dans deux positions de genou (fléchi et tendu), ont montré que les indices de cocontraction étaient plus élevés chez les sujets hémiparétiques que chez les sujets sains dans la position genou fléchi pour le gastrocnémien médial et dans la position genou tendu pour les deux muscles, gastrocnémien médial et soléaire. Dans la position genou tendu, 26% des efforts de flexion dorsale chez les sujets hémiparétiques ont donné un couple de flexion plantaire au lieu d'un couple de flexion dorsale voulu, ou pas de couple, un résultat remarquable qui corrobore des données publiées antérieurement (Gracies et al., 1997). Avec le genou en position tendue, la cocontraction des fléchisseurs plantaires était corrélée négativement avec le couple de flexion dorsale, qui a diminué lors de transition de la position genou fléchi à tendu, par rapport aux données des sujets sains. L'augmentation des indices de cocontraction avec l'effort ne semble pas différer entre les deux populations. La considérable influence de l'étirement des gastrocnémiens sur la production du couple de flexion dorsale et sur la cocontraction spastique des fléchisseurs plantaires lève le voile sur un important mécanisme de limitation fonctionnelle dans l'hémiparésie.

Influence du niveau de l'effort sur la cocontraction (ICC) des fléchisseurs plantaires

Un des buts de cette étude était d'explorer l'influence du niveau d'effort agoniste sur la cocontraction antagoniste chez des sujets sains et hémiparétiques, en utilisant des niveaux d'effort gradués. Les deux populations ont montré une augmentation des indices de cocontraction des fléchisseurs plantaires au fur et à mesure qu'augmentait le niveau d'effort dans les deux positions (genou fléchi et tendu). Ces données chez les sujets sains sont compatibles avec des résultats précédents au niveau du membre supérieur, obtenus par des méthodes différentes (Yang et Winter, 1983). Ainsi, alors qu'une augmentation de la cocontraction des fléchisseurs plantaires lors des efforts de flexion dorsale a été confirmée chez les sujets hémiparétiques (Gracies et al., 1997), ces résultats montrent que cette tendance ne semble pas différente de ce qui se produit chez les sujets sains.

Influence de l'allongement des muscles gastrocnémiens sur la cocontraction. Physiopathologie de la cocontraction des fléchisseurs plantaires

Les niveaux généralement accrus de cocontraction des fléchisseurs plantaires dans l'hémiparésie pourraient impliquer une diminution de l'inhibition réciproque du tibial antérieur vers les fléchisseurs plantaires dans la parésie spastique, voire la conversion de l'inhibition réciproque en facilitation réciproque lors des efforts volontaires de flexion dorsale (Morita et al., 2001 ; Crone et al., 2003, 2007). L'augmentation pathologique de la cocontraction avec la position genou tendu peut élucider des mécanismes supplémentaires de ce trouble moteur. Lors du passage de la position genou fléchi à genou tendu, la cocontraction des fléchisseurs plantaires se comporte différemment entre les deux populations, pour les deux muscles gastrocnémien médial et soléaire. Chez les sujets sains, l'indice de cocontraction du gastrocnémien médial est nettement diminué dans la position genou tendu. Cela a été probablement dû en grande partie, à une augmentation relative du dénominateur dans le calcul de l'indice de cocontraction (recrutement musculaire des fléchisseurs plantaires comme agonistes dans un effort maximal de flexion plantaire), compte tenu que l'EMG du gastrocnémien médial est connu pour augmenter avec l'extension du genou chez des sujets sains (Cresswell et al., 1995 ; Kennedy et Cresswell, 2001 ; Signorile et al., 2002).

Cette augmentation de l'EMG du gastrocnémien médial pourrait se rapporter à un mécanisme central (augmentation de la commande transmise par les motoneurones du muscle agoniste), ou à deux mécanismes périphériques intervenants dans un muscle allongé (amélioration de la transmission neuromusculaire ou meilleur enregistrement de l'activité myoélectrique dû à une configuration modifiée des électrodes ; Cresswell et al., 1995 ; Kennedy et Cresswell, 2001 ; Signorile et al., 2002). Chez les sujets hémiparétiques, ces mécanismes périphériques sont les mêmes pour les muscles agoniste et antagoniste et semblables à ceux des sujets sains. Ainsi, l'absence de diminution de l'ICC du gastrocnémien médial avec l'extension du genou dans l'hémiparésie, ne peut être due qu'à une augmentation de la commande centrale sur l'antagoniste (gastrocnémien) au cours de l'effort de flexion dorsale (augmentation de la cocontraction) égalant l'augmentation de la commande centrale sur l'agoniste.

Cependant l'indice de cocontraction du soléaire, n'a pas varié entre les deux positions de genou chez des sujets sains, tandis qu'il a augmenté avec la position genou tendu chez les sujets hémiparétiques. Chez les sujets sains, la stabilité de l'indice de cocontraction du soléaire pourrait être interprétée à la lumière des précédentes observations rapportées tels que les non changement de la RMS EMG du soléaire agoniste au cours du changement de l'angle de genou (Cresswell et al., 1995), pointant vers une commande centrale antagoniste du soléaire également inchangée. Compte tenu que la longueur du soléaire ne varie pas de la position - genou fléchi à la position genou tendu, nous pouvons exclure des phénomènes périphériques tels que les changements dans la transmission neuromusculaire ou dans l'enregistrement de l'activité myoélectrique. Encore une fois, l'augmentation de la cocontraction du soléaire avec la position genou tendu dans chez les sujets hémiparétiques, ne peut donc être expliquée que par une augmentation de la commande sur l'antagoniste (soléaire) accrue dans cette position.

Une hypothèse serait que la commande descendante dirigée sur les fléchisseurs dorsaux induirait une facilitation excitatrice des afférents hétéronymes I (Ia et Ib) et du Groupe II depuis le gastrocnémien médial étiré au soléaire pendant les efforts volontaires de flexion dorsale des sujets hémiparétiques, même si certaines de ces connexions de facilitation peuvent ne pas être détectées au repos chez les sujets sains (Pierrot-Deseilligny et al., 1981; Meunier et al., 1993, 1994; Simonetta-Moreau et al., 1999; Marque et al., 2001; Maupas et al., 2004).

Des hypothèses supplémentaires peuvent impliquer les muscles plus proximaux. Dans la position genou tendu, il peut y avoir une coactivation des muscles extenseurs du genou au cours des efforts de flexion plantaire de la cheville, pour la stabilisation du membre. L'altération de l'inhibition hétéronyme du quadriceps vers les fléchisseurs plantaires de cheville est connue dans la parésie spastique, et pourrait contribuer à faciliter le pool motoneuronal des fléchisseurs plantaires, les rendant plus sensibles à toute commande centrale mal dirigée (Dyer et al., 2011; Wu et al., 2005) .

Influence de l'allongement des gastrocnémiens sur la production du couple de flexion dorsale. Conséquences fonctionnelles de la cocontraction des fléchisseurs plantaires

Un objectif corollaire de cette étude était de comparer l'influence de l'étirement des gastrocnémiens sur la production du couple à la cheville dans les efforts gradués, chez des sujets hémiparétiques et sains. Les deux groupes ont montré une augmentation du couple au fur et à mesure des niveaux d'effort dans les deux sens de l'effort : flexion dorsale et plantaire. Le couple de flexion plantaire a été sensiblement augmenté, en passant de la position genou fléchi à genou tendu, en particulier chez les sujets sains. Une augmentation substantielle de la force maximale des fléchisseurs plantaires de la position genou fléchi à tendu (augmentation de 32% dans cette étude, voir la Figure 36) est bien établie chez les sujets sains. Compte tenu que l'activation musculaire volontaire maximale des pools de motoneurones ne semble pas différer entre la position du muscle (raccourci ou allongé), cette augmentation de force est probablement à mettre en lien avec un meilleur avantage mécanique du muscle favorisant le chevauchement des filaments d'actine/myosine, créé par la position étirée du muscle, (Huxley et Hanson, 1959 ; Fugl-Meyer et al., 1979, 1980 ; Sale et al., 1982 ; McKenzie et Gandevia, 1987 ; Gandevia et McKenzie, 1988). Cependant, le couple de flexion dorsale, a présenté un comportement asymétrique entre les deux populations lors du passage genou fléchi à tendu, les sujets sains présentant une augmentation du couple de flexion dorsale (augmentation de 11% dans l'effort maximal dans cette étude, Figure 36) alors que les sujets hémiparétiques présentaient une diminution du couple de flexion dorsale (10% de baisse dans l'effort maximal, Figure 36). En outre, le couple de flexion dorsale a été corrélé négativement avec la cocontraction des fléchisseurs plantaires lors de la position genou tendu chez les sujets hémiparétiques (Figure 39), en particulier pour le soléaire, confirmant des résultats antérieurs (Levin et Hui-Chan, 1994). Ceci pourrait être lié à une augmentation des cocontractions surpassant l'augmentation de la commande neuronale sur l'agoniste dans l'hémiparésie. En effet, l'affaiblissement anormal du couple en flexion dorsale avec le genou tendu pourrait également s'expliquer par la *parésie sensible à l'étirement* de l'agoniste (fléchisseurs dorsaux) superposée à la cocontraction antagoniste (fléchisseurs plantaires) aggravée par l'étirement (Gracies, 2005ab).

Conclusion et perspectives: rôle de la cocontraction normale - limitations motrices induites par la cocontraction exagérée

Chez les sujets sains, nous pourrions postuler que la coactivation des fléchisseurs plantaires pendant les efforts antagonistes de flexion dorsale active pourrait augmenter la raideur de la cheville et aider ainsi les ligaments talo-fibulaires dans le maintien de la stabilité de la cheville en exerçant un couple d'opposition au déplacement antérieur du tarsum qui serait sinon induit par les fléchisseurs dorsaux (Osternig et al., 1995; Simmons et Richardson, 1988). Les résultats obtenus ici chez les sujets hémiparétiques, montrant un niveau augmenté des cocontractions du soléaire et du gastrocnémien médial corroborent et quantifient des résultats semi-quantitatifs précédemment obtenus qui montraient de fortes augmentations des cocontractions des fléchisseurs plantaires dans la position genou tendu dans l'hémiparésie adulte (Gracies et al., 1997). Ceci a également été suggérés chez les enfants atteints de paresie infantile (Ikeda et al., 1998). Nous définissons ce phénomène comme «cocontraction spastique» et suggérons qu'il correspond à une mauvaise distribution de la commande descendante, inhérente au syndrome de parésie spastique (Gracies et al., 1997 ; Gracies, 2005b). D'un point de vue fonctionnel, chez les sujets hémiparétiques, l'exacerbation pathologique des cocontractions des muscles fléchisseurs plantaires avec l'étirement semble participer à la faiblesse croissante lors de la flexion dorsale. Dans les tâches de la vie réelle, les efforts concentriques de flexion dorsale (tels ceux intervenant dans la phase d'oscillation de la marche) sont des situations où ces cocontractions seraient les plus invalidantes (Knutsson et Mårtensson, 1980 ; Unnithan et al., 1996b ; Knutsson et al., 1997 ; Chae et al., 2002). En outre, ces résultats doivent être analysés en gardant à l'esprit que le paradigme expérimental utilisé impliquait une position assise avec la hanche fléchie autour de 90° (sélectionnée pour des raisons de facilité avec notre équipement). Cette position en flexion de hanche pourrait minimiser l'activation des muscles extenseurs des membres inférieurs par les propriocepteurs des fléchisseurs de hanche et donc sous-estimer l'ampleur des cocontractions des fléchisseurs plantaires qui pourrait survenir pendant la phase d'oscillation de la marche, dans lequelle la flexion de hanche reste inférieur à 30°, en particulier chez les sujets avec une parésie (Wu et al., 2005 ; Schmit et Benz, 2002).

Dans la parésie infantile, une étude a montré des améliorations immédiates et marquées de la force des fléchisseurs dorsaux après l'allongement du triceps sural (Reimers, 1990). L'anormale sensibilité à l'étirement des cocontractions des fléchisseurs plantaires démontrée et mesurée dans cette étude pourrait être raison suffisante pour généraliser des programmes «d'étirement agressifs», par exemple sous la forme de postures quotidiennes prolongées (Ada et al., 2005) ou de modifications chirurgicales de la longueur muscle-tendon (ténotomies musculaires, libérations musculaires ; Namdari et al., 2012) pour améliorer la fonction active dans la parésie spastique.

Validation des hypothèses du point 2

2) Parésie sensible à l'étirement, perception de l'effort et cocontraction spastique dans l'hémiparésie

2.1 RESUME

Introduction. Dans la parésie spastique, les muscles sont inégalement raccourcis autour des articulations. Un étirement appliqué au groupe de muscles le plus raccourci augmente sa cocontraction antagoniste lors d'un effort dirigé vers le muscle agoniste. On ne sait pas si cette situation affecte également la capacité à recruter le muscle agoniste (parésie) et la perception de l'effort. *Objectifs*. Nous avons quantifié le recrutement des fléchisseurs dorsaux (agonistes), la perception de l'effort et la cocontraction spastique des fléchisseurs plantaires pendant des efforts volontaires croissants de flexion dorsale de cheville à deux longueurs différentes des muscles gastrocnémiens antagonistes (étirés et relâchés). *Méthodes*. Nous avons utilisé le modèle d'efforts isométriques autour de la cheville décrit dans la première partie de ce chapitre (18 volontaires sains et 18 sujets hémiparétiques ont réalisé des efforts isométriques de flexion dorsale à trois niveaux d'intensité - léger, moyen, maximal, dans deux positions de genou, flexion et extension). A la suite de chaque contraction, les sujets ont indiqué de manière rétrospective leur perception de l'effort produit sur une échelle visuelle analogique à 10 points. Nous avons quantifié par ailleurs le couple de flexion dorsale et la Moyenne Quadratique (Root Mean Square, RMS) EMG des fléchisseurs plantaires antagonistes (soléaire, SO et gastrocnémien médial, GM) décrite au préalable, et la RMS EMG du tibial antérieur (TA). L'Indice de Recrutement Agoniste (IRA) a été obtenu par le quotient de la RMS EMG_{TA} au cours des 5 secondes d'effort (léger, moyen et maximal) sur la RMS EMG_{TA} calculée à partir des 500ms autour du pic de tension maximal agoniste lors de l'effort isométrique maximal. *Résultats*. Le recrutement agoniste du TA (RMS) a été réduit de 25±7% (maximum 98%) chez les sujets hémiparétiques dans la position genou tendu (muscles gastrocnémiens en position étirée), tandis qu'il est resté inchangé chez les sujets sains (p= 0,007, ANOVA). Alor que la perception de l'effort n'a pas changé avec l'étirement des gastrocnémiens chez les sujets sains, elle était augmentée chez les sujets hémiparétiques en position genou tendu par rapport à la position genou fléchi (p= 0,03, ANCOVA). Une analyse multivariée a montré que chez les sujets sains, le recrutement agoniste du tibial antérieur a contribué plus à la perception de l'effort (β IRA_{TA}= 0,54, p<0,01) que la cocontraction du gastrocnémien médial (β ICC_{GM}= 0,12, p= 0,40). Par contre chez les sujets hémiparétiques, la cocontraction des fléchisseurs plantaires a contribué de manière plus significative à la perception de l'effort (β ICC_{GM}= 0,45, p<0,001), que le recrutement agoniste du tibial antérieur (β IRA_{TA} =0,40, p<0,001). *Conclusions.* L'accès de la commande descendante au motoneurone agoniste dans l'hémiparésie est entravé - parfois quasiment bloqué - par l'étirement du muscle antagoniste, un phénomène que nous nommons *parésie sensible à l'étirement.* La cocontraction spastique joue un rôle important dans la perception de l'effort dans l'hémiparésie, ce qui représente une incitation supplémentaire pour les cliniciens à évaluer et traiter ce phénomène par l'allongement des muscles plus raccourcis autour d'une articulation.

2.2 Introduction

La parésie peut être définie comme une quantité réduite de la commande volontaire pouvant accéder aux muscles agonistes. La meilleure mesure de la parésie est réalisée lors d'un effort maximal volontaire. Au sein de la parésie spastique, il a été suggéré que la réactivité des motoneurones agonistes à la commande descendante peut être variable en fonction de l'étirement imposé au muscle antagoniste (Gracie, 2005ab). La sensibilité de l'excitabilité de la voie corticospinale à l'étirement du muscle agoniste (cible de la commande motrice) a déjà été rapportée chez des sujets sains, l'excitabilité de la voie corticospinale étant modérément réduite au cours de contractions excentriques (en allongement) par rapport à des contractions concentriques (en raccourcissement) dans plusieurs muscles des membres (Abbruzzese et al., 1994 ; Sekiguchi et al., 2001, 2003). La première question abordée dans cette étude est de déterminer si le recrutement du muscle agoniste peut être sensible à l'étirement du muscle antagoniste dans la parésie spastique, et spécifiquement si l'étirement antagoniste peut entraver la capacité à recruter le muscle agoniste. Le deuxième objectif de cette étude est de déterminer si la perception de l'effort lors du recrutement du muscle agoniste, peut aussi dépendre de l'étirement imposé au muscle antagoniste. Historiquement, la perception de l'effort a été reliée à différents concepts comme la «sensation de l'innervation», le «sens de la volonté», la décharge corollaire ou la copie efférente du cortex sensoriel (Helmholtz, 1925 ; Sperry, 1950 ; Von Holst, 1954 ; Merton, 1964). Dans l'ensemble, il semblerait que la combinaison d'une information directe sur le niveau de la commande centrale générée (McCloskey et al,. 1974 ; Gandevia et McCloskey, 1977ab ; Jones et Hunter, 1983 ; Jones, 1986 ; Cafarelli et Bigland-Ritchie, 1979) et d'une information provenant de récepteurs périphériques (Roland et Ladegaard-Pedersen, 1977 ; Jones et Hunter, 1985) puisse contribuer à la perception de l'effort, celle-ci étant aussi influencée par l'intensité des contractions et la fatigue (Jones et Hunter, 1983 ; Simon et al., 2009). On ne sait aujourd'hui si une situation périphérique telle que l'étirement de l'antagoniste pourrait déterminer une partie de la perception de l'effort agoniste. Enfin, la cocontraction spastique, un autre phénomène associé à la paralysie d'origine centrale, est une source supplémentaire de faiblesse chez les sujets atteints d'une parésie spastique (Gracies et al 1997, Gracies, 2005 ; Bourbonnais et Vanden Noven, 1989 ; Dewald et al., 1995 ; Vinti et al., 2012b). Alors que la perception de l'effort a été montrée augmentée chez les sujets ayant une hémiparésie (Gandevia et McCloskey, 1977b) ainsi que dans d'autres affections d'origine centrale (Holmes, 1917 ; Solomon et Robin, 2005), l'impact de l'hyperactivité musculaire sur la perception de l'effort est encore inexploré. À la lumière de résultats récents montrant l'impact potentiel de la cocontraction spastique sur la faiblesse motrice, en particulier lorsque le muscle cocontractant est en étirement (Gracies et al., 1997 ; Gracies, 2005 ; Ikeda et al., 1998 ; Kamper et Rymer, 2001 ; Vinti et al., 2012b), nous avons cherché à explorer le rôle de la cocontraction antagoniste dans la perception de l'effort en présence d'une hémiparésie.

Dans cette étude, nous avons utilisé un modèle d'efforts croissants de flexion dorsale dans deux positions de genou, l'une d'entre elles imposant un étirement des muscles gastrocnémiens (position genou tendu), afin de quantifier l'influence de l'étirement sur le recrutement musculaire agoniste et antagoniste et sur la perception de l'effort. Notre hypothèse principale est que l'étirement du muscle antagoniste peut diminuer l'accès de la commande motrice aux motoneurones du muscle agoniste dans l'hémiparésie. En outre, nous avons supposé une forte implication des cocontractions spastiques dans l'effort perçu par les sujets hémiparétiques, ce qui suggère que, en plus de limiter les mouvements actifs, la cocontraction spastique pourrait participer également à la perception de faiblesse ou de fatigue dans l'hémiparésie.

2.3 Matériels et méthodes

Le schéma expérimental a été décrit à la page (113-116).

Quantification de la perception de l'effort

Immédiatement après chacun des trois niveaux d'effort, les sujets devaient quantifier l'effort qu'ils pensaient avoir produit à l'aide d'une échelle visuelle analogique de perception de l'effort (EVAPE), comme pour une mesure de la douleur (Huskisson, 1974). À l'extrémité d'une ligne droite de 100-mm, le nombre zéro indiquait une sensation d'absence d'effort, et à l'autre extrémité, le nombre 10 indiquait une sensation d'effort maximal. Les sujets ont été invités à placer une marque sur la ligne, au point entre les deux extrémités qui reflètait le mieux l'intensité de leur effort.

Quantification du recrutement agoniste (tibial antérieur)

Le monitoring de l'EMG du tibial antérieur (TA) pendant un effort de flexion dorsale - a permis l'obtention de la valeur RMS_{TA}. A partir de cette valeur nous avons calculé l'Indice de Recrutement Agoniste (IRA) par le quotient de la RMS_{TA} obtenue au cours des 5 secondes de l'effort (pour chaque niveau) divisée par la valeur RMS_{TA} calculée à partir des 500ms autour du pic de tension maximale lors d'un effort isométrique maximal (Hamjian et Walker, 1994).

Analyse statistique

Après une analyse descriptive déterminant les valeurs moyennes et écarts types de toutes les variables continues, nous avons procédé à une analyse de la variance à mesures répétées (ANOVA) à deux facteurs (groupe x position) et (groupe x effort) pour détecter les changements de la perception de l'effort (EVAPE), de la RMS_{TA} et de l'IRA_{TA} au cours des trois efforts échelonnés (légèr, moyen et maximal) dans les deux populations, premièrement quelle que soit la position et secondairement quelque soit l'effort. Nous avons ensuite comparé l'influence relative des facteurs potentiellements prédictifs (IRA_{TA}, ICC et couple) sur la variable dépendante (EVAPE), en utilisant des coefficients de régression standardisés obtenus par une analyse de régression multiple. Le seuil de significativité a été fixé à $p<0,05$.

2.4 Résultats

Recrutement Agoniste du tibial antérieur

Impact de la position du genou

Quel que soit l'effort, il y a eu une interaction entre le groupe et la position sur la valeur RMS absolue de l'agoniste tibial antérieur (RMS_{TA}, $F_{2,206}= 32,85$, $p<0,0001$), avec une réduction moyenne de $25\pm7\%$ [98% max] de la RMS_{TA} de la position genou fléchi à genou tendu chez les sujets hémiparétiques ($p= 0,007$), tous niveaux d'effort confondus. Cette réduction n'a pas été observée chez les sujets sains ($p= 0,95$, Figure 40A). Sur chaque niveau d'effort classé séparément chez les sujets hémiparétique, la différence n'a été significative pour la RMS_{TA} entre la position genou fléchi et genou tendu qu'au cours de l'effort maximal où la RMS_{TA} genou tendu n'est que 68% de ce qu'elle a été genou fléchi ($p=0,002$; Figure 40BC).

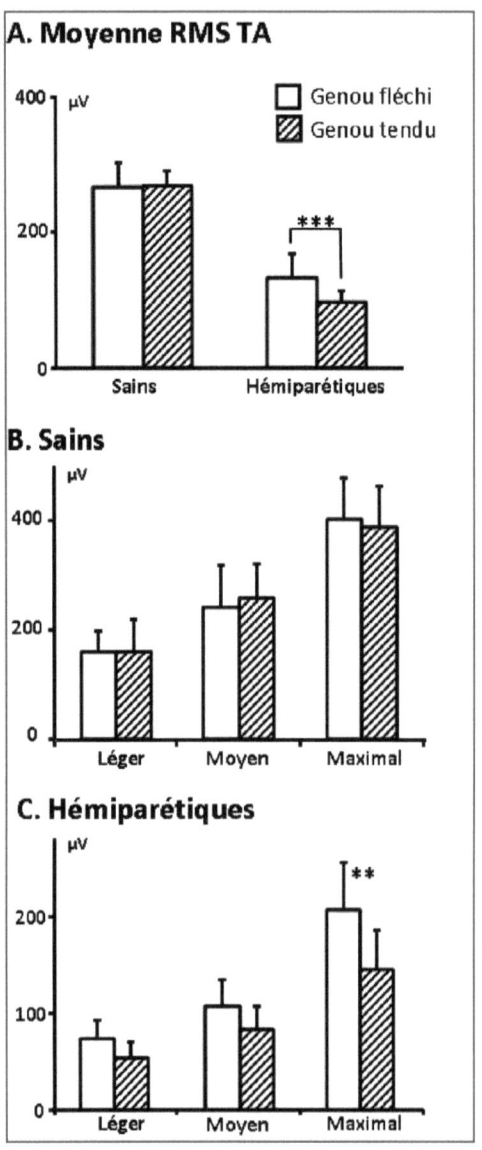

Figure 40. Recrutement agoniste (tibial antérieur) en valeurs absolues (RMS). A, moyenne de tous les efforts combinés dans les 2 populations et dans les 2 positions de genou. B, valeurs de chaque effort chez les sujets sains. C, valeurs de chaque effort chez les sujets hémiparétiques. **p<0,01.

Cependant, chez les sujets hémiparétiques considérés individuellement, les réductions de la RMS$_{TA}$ lors du passage de la position genou fléchi à tendu, ont été supérieurs à 80% dans 3 sujets pour les efforts légers, dans 1 sujet pour les efforts moyen et dans 1 cas pour les efforts maximaux. Cette interaction entre groupe et position pour le recrutement agoniste en valeurs absolues (RMS$_{TA}$) n'apparaît plus quand on considère que les indices de recrutement agonistes (IRA$_{TA}$, Figure 41AB).

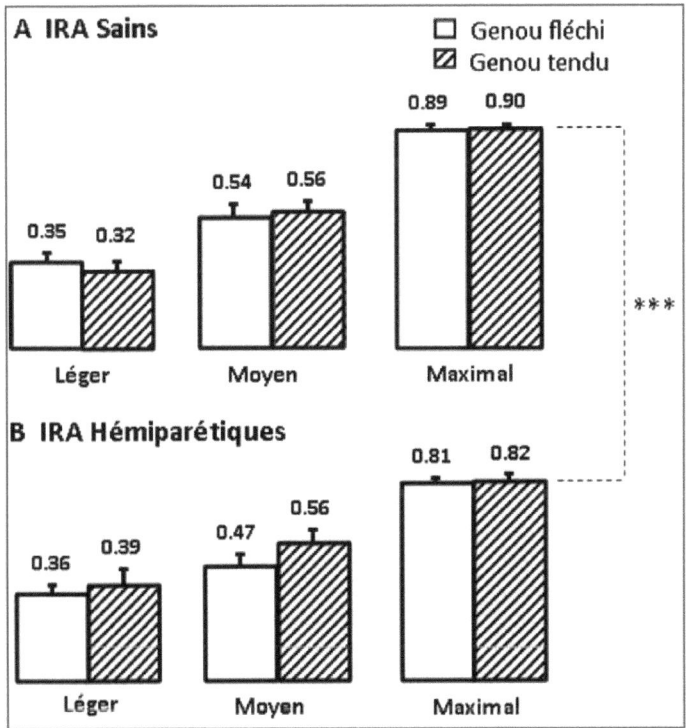

Figure 41. Recrutement agoniste (tibial antérieur) en valeurs relatives (Indice de Recrutement Agoniste, IRA). A, chez les sujets sains. B, chez les sujets hémiparétiques. ***p<0,001.

Impact de l'intensité de l'effort

Quelle que soit la position du genou, la RMS$_{TA}$ est augmentée des efforts légers aux efforts maximaux chez les sujets sains (F$_{2,102}$= 40,87, p<0,0001) et les sujets hémiparétiques (F$_{2,96}$= 13.13, p<0,0001) (Figure 40BC). Parallèlement, l'IRA$_{TA}$ est également augmenté au cours des efforts dans les deux populations (p<0,0001, Figure 41AB). Quelle que soit la position il y a une tendance à l'interaction entre groupe et effort ($F_{2,201}= 2,58$, p= 0,08). Cette interaction est hautement significative pour les efforts maximaux, où l'IRA$_{TA}$ chez les sujets sains est supérieur à l'IRA$_{TA}$ chez les sujets hémiparétiques (0,90 ± 0,01 vs 0,82 ± 0,02, p<0,0001, ANOVA).

Perception de l'effort de flexion dorsale

<u>Effet de la position du genou</u>

Tout effort confondu, il y a un effet de la position du genou sur la perception de l'effort chez les sujets hémiparétiques, la perception des efforts de flexion dorsale en position genou tendu étant en moyenne de 7% supérieurs par rapport à la position genou fléchi (5,6 vs 5,2, p= 0,03, ANCOVA; Figure 42B). Cet effet est plus important dans les efforts légers, où la perception de l'effort est augmentée de 20% en position genou tendu (2,8 vs 3,4, p <0,05). Ces différences n'ont pas été observées chez les sujets sains, qui quelque soit l'effort, n'ont pas montré de différence dans la perception de l'effort entre les deux positions de genou.

<u>Effet de l'intensité de l'effort</u>

Le long de la gradation des efforts (de léger à moyen à maximal) il y a une augmentation globale dans la perception rétrospective de l'effort produit chez les sujets sains ($F_{2,202}= 354$, p<0,0001 - Figure 42A) et chez les sujets hémiparétiques ($F_{2,202}= 236$, p<0,0001 - Figure 42B) dans les deux positions de genou. L'analyse de la variance à 3 facteurs (groupe x position x effort) montre une interaction significative groupe x effort (p= 0,002) dans les deux positions de genou, dans lesquelles les efforts légers son rétrospectivement perçus comme plus légers par les sujets sains (IC95% EVAPE [1,76 à 2,60]) que par les sujets hémiparétiques (IC95% [2,67 à 3,49]), avec une situation analogue dans les efforts maximaux, perçus comme plus forts par les sujets sains (IC95% VASPE [8,52 à 9,36] que par les sujets hémiparétiques (IC95% [7,89 à 8,71] - Figure 42AB).

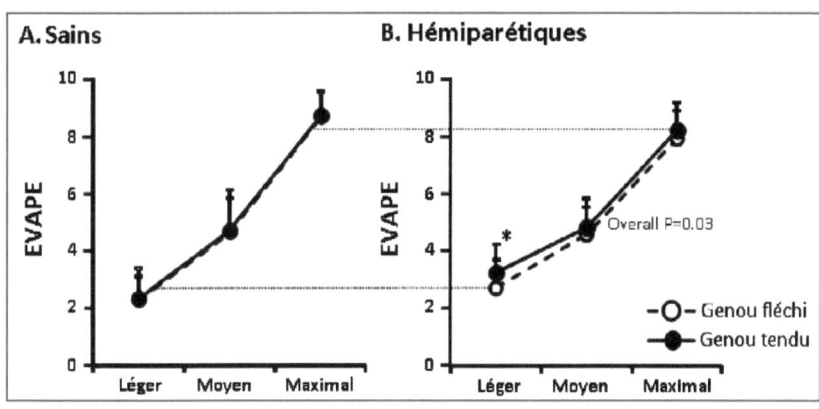

Figure 42. Perception de l'effort (EVAPE), chez les sujets sains (A) et chez les sujets hémiparétiques (B) et dans les deux positions de genou.

Cocontraction des fléchisseurs plantaires et couple de flexion dorsale

Pour les données spécifiques concernant les indices cocontraction et du couple produit se reporter à l'étude précédente. En bref, les ICC des fléchisseurs plantaires ont été anormalement élevés à tous les niveaux d'effort de flexion dorsale chez les sujets hémiparétiques. Une forte interaction a été observée entre la position et le groupe, les indices de cocontraction étant très accrus avec la position genou tendu chez les sujets hémiparétiques mais pas chez les sujets sains. L'augmentation de la cocontraction associée avec l'étirement des gastrocnémiens a renversé ou annulé le couple de flexion dorsale voulu dans 26% des cas.

Déterminants de la perception des efforts

En position genou fléchi, la perception de l'effort (EVAPE) chez les sujets sains est liée au recrutement agoniste du tibial antérieur (β IRA$_{TA}$= 0,67, p<0,0001), tandis que la cocontraction antagoniste et le couple produit ne montre pas d'incidence (β ICC$_{GM}$= 0,14 ns ; β couple= 0,11, ns). Chez les sujets hémiparétiques, la perception de l'effort est liée à un degré presque égal, au recrutement agoniste du tibial antérieur et à la cocontraction antagoniste du gastrocnémien médial (β ARI$_{TA}$= 0,42, p= 0,002 ; β ICC$_{GM}$= 0,39, p<0,001), et quasi significativement au couple produit (β couple= 0,20, = 0,08) (données non illustrées). En position genou tendu, les coefficients de régression standardisés (β) montrent que la perception de l'effort (EVAPE) est liée au recrutement agoniste du tibial antérieur (β IRA$_{TA}$= 0,54, p<0,01) et au couple produit (p <0,01) chez les sujets sains et confirme le manque d'incidence de la cocontraction de l'antagoniste (β ICC$_{GM}$= 0,12, p= 0,40, figure 4A). Cependant chez les sujets hémiparétiques, dans la position genou tendu, la cocontraction des fléchisseurs plantaires se révèle le premier facteur prédictif de la perception d'effort (ICC$_{GM}$ β= 0,45, p<0,001), suivi par le recrutement agoniste du tibial antérieur (β= 0,40 IRA$_{TA}$, p<0,001) et le couple (p<0,05, Figure 43B).

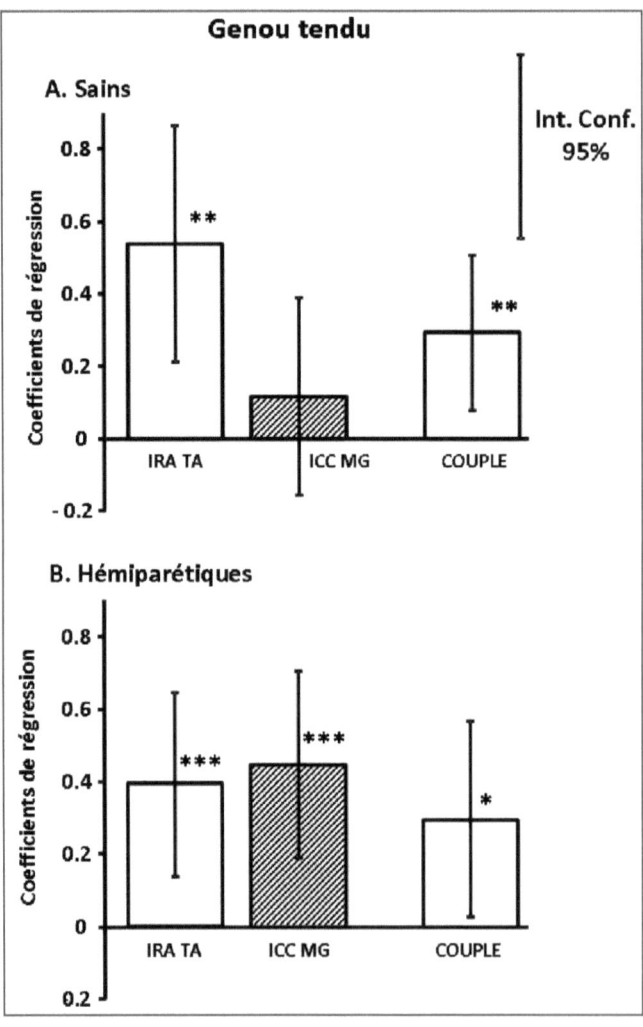

Figure 43. Coefficients de régression standardisés (β). A, chez les sujets sains. B, chez le sujets hémiparétiques. *p<0,05 ; **p<0,01 ; ***p<0,001.

Cette étude démontre une augmentation du degré de parésie du muscle agoniste (réduction du recrutement motoneuronal agoniste) avec l'étirement du muscle antagoniste (genou en position tendue), un phénomène que nous nommons *parésie sensible à l'étirement*. Nous avons également observé que l'étirement antagoniste et la cocontraction spastique augmentent la perception de l'effort chez les sujets hémiparétiques, sachant que la cocontraction spastique est elle-même aggravée par l'étirement antagoniste. L'influence majeure de l'étirement de l'antagoniste dans la parésie spastique, qui diminue la commande motoneuronale sur l'agoniste et augmente la perception des efforts et la cocontraction spastique, peut fournir une incitation supplémentaire pour les cliniciens à la pratique de l'allongement des muscles les plus raccourcis autour d'une articulation.

Effet de la position du muscle antagoniste sur le recrutement du muscle agoniste: parésie sensible à l'étirement

L'EMG de surface peut être considéré comme une mesure de la commande excitatrice dirigée vers le muscle car il est le reflet du nombre d'unités motrices actives et de leur taux de décharge (Cafarelli et Bigland-Ritchie, 1979). Dans une parésie spastique, la plupart des études montrent une réduction des signaux EMG intégrés, associée à la perte de force musculaire du coté parétique par rapport au côté non parétique ou aux sujets sains (Sahrmann et Norton, 1977 ; Knutsson et Richards, 1979). Cela contribue à la difficulté du muscle à générer les niveaux de tension nécessaires pour créer force (Inman et al., 1952 ; Woods et Bigland-Ritchie, 1983) ou mouvement volontaire (Visser et Aanen, 1981 ; Bourbonnais et Vanden Noven, 1989).

Dans cette étude, la position genou tendu (gastrocnémiens étirés) est associée à une diminution du recrutement des muscles fléchisseurs dorsaux, et à une diminution concomitante du couple de flexion dorsale (inversé ou annulé par la cocontraction spastique dans un quart des cas, (Vinti et al., 2012b). Bien qu'un certain nombre d'études aient montré une altération de la relation EMG-force dans la parésie spastique (Dietz et al., 1981 ; Bourbonnais et al., 1989 ; Dewald et al., 1995 ; Canning et al., 2000), ici la diminution de l'EMG agoniste a été parallèle la diminution du couple produit (Vinti et al., 2012b).

Cette étude montre que l'étirement des gastrocnémiens réduit le recrutement agoniste brut du tibial antérieur, cet effet étant significatif dans les efforts maximaux, mais présent, de façon marquée dans certains cas individuels, lors des efforts légers et moyens. Cet effet ne peut pas être un artefact lié au changement de conformation du muscle tibial antérieur, cette conformation n'étant affectée par la position du genou. En outre dans cette étude, l'EMG du tibial antérieur chez les sujets sains n'est pas différent au cours du changement de position du genou, comme des travaux antérieurs l'ont confirmé où la capacité d'activation maximale isométrique volontaire des motoneurones restait inchangée avec l'angle articulaire (Komi et Buskirk, 1972 ; Cafarelli et Bigland-Ritchie, 1979 ; Marsh et al., 1981 ; Newman et al., 2003).

Les mécanismes en jeu pourraient impliquer une augmentation de l'inhibition réciproque due aux fibres Ia et du Groupe II provenant des fléchisseurs plantaires dans la parésie spastique (Cody et al., 1987 ; Simonetta-Moreau et al., 1999 ; Marque et al., 2001) où l'étirement tonique imposé aux muscles gastrocnémiens pourrait exercer un fort effet inhibiteur postsynaptique sur les motoneurones du tibial antérieur dans la parésie spastique, ce qui les rendraient moins excitables par l'activation centrale descendante. Cet effet pourrait atteindre le niveau d'un bloc total (plégie au niveau segmentaire) dans certains cas, tel une réduction de 98% de l'activation agoniste présente dans au moins un cas dans notre étude.

Un effet préférentiel de cette inhibition réciproque sur les gros motoneurones expliquerait à la fois les effets les plus importants observés dans les efforts maximaux (Figure 40) et la perte - ou plutôt le masquage - de ces effets inhibiteurs quand on considère seulement les indices de recrutement agonistes. Les indices de recrutement agoniste utilisent au dénominateur le pic de recrutement maximal : un effet préférentiel sur les fibres de plus gros calibre peut diminuer la capacité de détecter l'effet si le numérateur et le dénominateur sont également affectés. Cela signifierait que les plus grosses fibres - rapides et fatigables (impliquées dans le pic des 500 ms de l'effort) sont les plus touchées, ce qui pourrait également contribuer à expliquer pourquoi les IRA ont tendance à augmenter pour les efforts légers et moyens, suggérant un effet plus important au dénominateur qu'au numérateur à ces niveaux d'effort. Alors que certaines études mentionnent des sensibilités différentes des motoneurones selon les tailles à l'inhibition réciproque Ia ou du Groupe II (Henneman, 1985 ; Marchand-Pauvert et al., 2000), aucune étude quantifiant cette question n'a été réalisée à notre connaissance.

Dans la parésie spastique, peu d'études dynamométriques ont examiné la force motrice dans diverses configurations articulaires lors d'efforts au niveau du membre supérieur (Kamper et Rymer, 2001 ; Koo et al., 200 ; Hu et al., 2006) et du membre inférieur (Gracies et al., 1997 ; Ikeda et al., 1998 ; Vinti et al., 2012b). Plusieurs de ces observations dynamométriques ont rapporté une augmentation de la faiblesse du muscle agoniste autour de l'articulation pendant l'étirement du muscle antagoniste (Gracies et al., 1997 ; Gracies, 2005 ; Kamper et Rymer, 2000 ; Koo et al., 2003 ; Hu et al., 2006 ; Vinti et al., 2012b). Ici, nous avons partiellement expliqué cette faiblesse accrue en montrant une diminution de l'EMG agoniste avec l'étirement de l'antagoniste. Ce phénomène de parésie accrue semble particulièrement affecter le moins rétracté des deux muscles autour d'une articulation lorsque le plus rétracté est étiré, un phénomène qui a été défini comme *parésie sensible à l'étirement* (Gracies, 2005ab).

Effet de la position du muscle antagoniste - et de la cocontraction spastique - sur la perception de l'effort agoniste

Des expériences utilisant des estimations numériques des forces produites perçues, ont montré que les jugements des sujets sur l'augmentation de l'effort étaient corrélés à la force isométrique exercée (Eisler, 1962 ; Cain et Stevens, 1971), ce qui est corroboré par cette étude, y compris chez les sujets hémiparétiques (Figure 42). Les estimations de la force produite dépendent aussi de la durée de la contraction (Stevens et Cain, 1970). Cette étude a montré dans l'hémiparésie que la perception de l'effort a été augmentée lorsque les muscles gastrocnémiens sont dans une position étirée, alors que la position du genou n'a pas d'effet chez les sujets sains. Au-delà de la confirmation que des facteurs périphériques sont également en jeu dans la perception de l'effort (Roland et Ladegaard-Pedersen, 1977 ; Jones et Hunter, 1985), ce constat s'ajoute à la série d'arguments confirmant l'influence délétère du placement d'un muscle rétracté en position étirée sur les performances de contractions volontaires dans la parésie spastique. Il est en effet remarquable de constater que, même pour les efforts légers pour lesquels le recrutement agoniste est peu réduit (Figure 42), une sensation de plus grand effort est déjà présente dans le sujet, ce qui suggère que le recrutement des récepteurs à l'étirement dans l'antagoniste a déjà des conséquences sur des efforts légers de courte durée (5 secondes). Il est probable que ces effets délétères deviennent plus accentués avec la répétition des efforts et la fatigue en particulier lorsqu'il y a nécessité de produire une force maximale (Figure 42).

Chez un sujet hémiparétique exerçant une commande agoniste dans une situation d'étirement de l'antagoniste, la perception de l'effort pourrait être essentiellement liée à la cocontraction antagoniste plutôt qu'à l'étirement antagoniste en soi. Le fait que la position étirée de l'antagoniste augmente sa cocontraction (Vinti et al., 2012b) est compatible avec cette interprétation, ce qui nécessiterait des expériences à l'aide de blocs nerveux pour être confirmé, examinant toute modification de la perception de l'effort pendant que l'antagoniste est étiré mais bloqué et donc au repos. Dans cette étude il apparait également que la gamme de niveaux de perceptions d'effort disponibles tend à être réduite chez les sujets hémiparétiques, pouvant indiquer dans l'ensemble une perception des efforts émoussée dans la parésie spastique.

Dans l'ensemble, les observations de la présente étude, diminution du recrutement du muscle agoniste, augmentation de la cocontraction antagoniste et de la perception de l'effort lorsque le plus rétracté des deux muscles qui entourent l'articulation est en position étirée, devraient contribuer à inciter les cliniciens à l'utilisation de méthodes d'allongement des muscles les plus rétractés afin d'améliorer la commande motrice dans la parésie spastique.

CHAPITRE III- *Caractérisation de la cocontraction spastique en conditions dynamiques*

Rappel des hypothèses :

La cocontraction antagoniste des fléchisseurs plantaires pourra contribuer au déficit de relevé actif du pied au cours de la phase allant, du décollement des orteils à l'attaque du talon au sol (phase d'oscillation).

Cocontraction spastique pendant la phase d'oscillation de la marche

1.1 RESUME

Introduction. La spasticité des fléchisseurs plantaires de la cheville (réponse à l'étirement mesurée au repos), pourrait ne pas être le principal facteur de difficulté à la marche du sujet hémiparétique. Par contre, la cocontraction spastique des fléchisseurs plantaires, créant un couple articulaire à la cheville d'opposition à la flexion dorsale pendant la phase d'oscillation, pourrait modifier considérablement la marche du sujet hémiparétique. *Méthodes.* Onze sujets hémiparétiques (âge 51 ± 14, moyenne ± écart-type), marchant à une vitesse confortable (HC) et 12 sujets contrôles (âge 48 ± 22), marchant à des vitesses confortables (CC) et lentes (CL), ont bénéficié d'une analyse cinématique et électromyographique (EMG) des fléchisseurs plantaires pendant la marche. Nous avons évalué la spasticité au repos (Tardieu), le minimum (min) et le maximum (max) de flexion de la cheville (FC) obtenus par le calcul de la variation de position relative du pied par rapport au tibia par rapport à la position de référence de la cheville (appui bipodal), et la cocontraction des fléchisseurs plantaires pendant la phase d'oscillation. La cocontraction des fléchisseurs plantaires a été exprimée par l'indice de cocontraction (ICC), donné par le quotient de la moyenne quadratique (Root Mean Square, RMS) de l'EMG pendant cette période, divisé par la RMS pendant les 500 ms autour du pic de recrutement maximal obtenu d'une contraction isométrique volontaire maximale de flexion plantaire de la cheville. *Résultats.* La vitesse lente chez les sujet contrôles (0,80 ± 0,12 m/s) était similaire à celle des sujets hémiparétiques (0,73 ± 0,37 m/s, p = 0,34). Comparativement aux sujets contrôles marchant aux deux vitesses, les sujets ayant une hémiparésie ont montré: (i) un déficit majeur de flexion dorsale active de la cheville pendant la phase d'oscillation (FCmin : moyenne ± ETM : SC, -10,18° ± 1,91 ; SL, -6,91° ± 1,81 , HC, -19,59° ± 3,34, p<0,001; FCmax : CC 8,21 ± 1,18°, CL, 7,84° ± 1,43, HC -6,00° ± 2,15, p<0,001) ; (ii) une forte augmentation de la cocontraction des fléchisseurs plantaires CCI_{GM}, CC, $0,62 \pm 0,07$; CL, $0,48 \pm 0,06$; HC $1,21 \pm 0,21$, $p<0,001$) ; (iii) un index de recrutement du jambier antérieur plus élevé que les sujets contrôles aux deux vitesses. *Conclusions.* Le déficit considérable de flexion dorsale de cheville au cours de la phase d'oscillation de la marche retire tout stimulus significatif au réflexe d'étirement des fléchisseurs plantaires, et rend donc peu probable un rôle important de la spasticité dans l'empêchement de la flexion dorsale à la phase d'oscillation de la marche du sujet hémiparétique. Les résultats suggèrent au contraire que la cocontraction des fléchisseurs plantaires est un obstacle majeur à la flexion dorsale active de la cheville, s'accompagnant d'un recrutement relatif augmenté du tibial antérieur pendant la phase d'oscillation qui pourrait être une tentative de compensation agoniste appropriée face aux résistances antagonistes passives (hypoextensibilité) et actives (cocontraction) des fléchisseurs plantaires.

1.2 Introduction

Les mécanismes exacts des anomalies de la marche dans l'hémiparésie demeurent mal compris. Afin d'être en mesure de fournir des traitements adaptés aux sujets hémiparétiques, les cliniciens doivent mieux comprendre les facteurs précis qui entravent la marche. Cette compréhension, si elle s'avère remettre en question l'enseignement traditionnel, pourrait modifier les comportements thérapeutiques. Les classiques modalités anti-spasticité (médicaments «antispastiques», thérapies de type Bobath, etc.), visant à spécifiquement réduire la spasticité, pourraient se révéler obsolètes si la spasticité s'avérait un facteur non pertinent dans les troubles de marche de l'hémiparésie. Traditonnellement on a attribué la difficulté à relever le pied au cours de la phase d'oscillation dans l'hémiparésie aux réflexes d'étirement des fléchisseurs plantaires déclenchés par la flexion dorsale de la cheville (Phelps, 1932 ; Bobath, 1977 ; Pierrot-Deseilligny, 1990 ; Corcos et al., 1986 ; Shiavi et al., 1987). Il n'existe aucun doute que la modulation du réflexe d'étirement soit diminuée dans l'hémiparésie (Levin et Hui-Chan, 1993 ; Sinkjaer et al., 1995), conduisant plusieurs auteurs à émettre l'hypothèse d'une contribution de cette modification aux déficits dans les mouvements simples au niveau du genou (McLellan, 1977) de la cheville (Corcos et al., 1986), ainsi que dans des mouvements pluri-articulaires plus complexes tels que le pédalage (Benecke et al., 1983) ou la locomotion (Fung et Barbeau, 1989 ; Knutsson et Richards, 1979). Cependant, à chaque fois que la spasticité était supposée être mesurée, c'est en fait la résistance globale aux mouvements passifs qui l'était (Echelle d'Ashworth), et celle-ci était faiblement corrélée au déficit des mouvements volontaires (Landau, 1974 ; McLellan, 1977 ; Knutsson et Mårtensson, 1980 ; Dietz et al., 1981). Il a également été démontré dans un certain nombre de situations que l'hyperexcitabilité du réflexe d'étirement, qui se manifeste au repos, disparaît lors de l'activation musculaire (Ibrahim et al, 1993 ; Sinkjaer et Magnussen, 1994 ; Morita et al, 2001). Des modulations des réflexes à l'étirement sont notamment connues au cours du cycle de marche chez le chat mésencéphalique (Akazawa et al., 1982) ainsi que chez l'homme sain, où une telle modulation est particulièrement apparente dans le milieu de la phase d'oscillation (Crenna et Frigo, 1987 ; Capaday et Stein, 1986). Une diminution de l'excitabilité du réflexe H pendant la phase d'oscillation est en effet clairement décrite dans la parésie infantile (Crenna, 1998) et chez l'hémiparétique adulte (Dietz et al., 1981 ; Berger et al., 1984 ; Lamontagne et al., 2002). La cocontraction spastique, un phénomène descendant, a été définie comme une mauvaise distribution de la commande supramédullaire qui est anormalement dirigée vers le muscle antagoniste d'un mouvement souhaité, et exacerbée pendant l'étirement antagoniste (Gracies et al., 1997, Gracies, 2005 ; Vinti et al., 2012b). Une activation excessive des fléchisseurs plantaires d'origine descendante et non réflexe pourrait contribuer à réduire le moment agoniste de flexion dorsale de la cheville, au cours de la phase d'oscillation dans la parésie spastique (Tardieu, 1972 ; Winter, 1991 ; Gracies et al, 1997 ; Gracies, 2005). Diverses méthodes ont été utilisées pour le calcul des valeurs de référence dans la normalisation de l'activité EMG agoniste et antagoniste (Yang et Winter, 1984), y compris la normalisation par rapport à une référence qui serait une contraction maximale isométrique volontaire (Dubo et al., 1976). Il est évident que la normalisation de l'activité EMG avec l'amplitude EMG enregistrée au cours de contractions isométriques maximales «ignore» le niveau de parésie qui affecte l'effort maximal isométrique volontaire (Yang et Winter, 1984 ; Allen et al., 1995). Réciproquement, on peut argumenter que cette normalisation prend le facteur de parésie en compte, en l'impliquant justement au dénominateur. En outre, cette méthode montre une grande reproductibilité intra-individuelle (Allen et al., 1995) et un meilleur score de reproductibilité intra - et inter - individuelle, que les valeurs EMG dynamiques (Knutson et al., 1994). Le but de cette étude est de quantifier la cocontraction des fléchisseurs plantaires de la cheville, en couplant des enregistrements cinématiques et EMG durant trois périodes de la phase d'oscillation (début, milieu et fin, Perry, 1992) avec un enregistrement des muscles agoniste (tibial antérieur) et antagoniste (soléaire et gastrocnémien médial) au cours de toute l'excursion articulaire de la cheville. Les expériences ont été menées sur des patients hémiparétiques, dont un sous-groupe (moitié) avait préalablement bénéficié d'une neurotomie du nerf tibial postérieur (Buffenoir et al., 2008), et donc ne présentait pas de spasticité résiduelle des fléchisseurs plantaires. Nous avons comparé cette population de sujets hémiparétiques à des sujets contrôles marchant à deux vitesses différentes, confortable et lente, pour tenir compte de modifications cinématiques ou EMG liées à la vitesse (Lehmann et al, 1987 ; Winter, 1991).

1.3 Matériels et méthodes

Sujets

Cette étude a été menée en conformité avec les règlements du comité local d'éthique (*Comité de Protection des Personnes Ile-de-France IX*). Les évaluations cinématiques et EMG ont été réalisées au sein du Laboratoire d'Analyse du Mouvement de l'hôpital Henri Mondor (Créteil, France). Onze sujets hémiparétiques chroniques (âge 51 ± 14 ans, moyenne ± écart-type ; délai depuis le début de l'hémiparésie, 12 ± 7 ans) recrutés au sein du service de Neurochirurgie de l'Hôpital Henri Mondor (Créteil, France) et 12 sujets contrôles (âge 48 ± 22 ans) ont participé à l'étude. Les sujets hémiparétiques participaient à un protocole de recherche clinique en cours, comparant les orthèses plantaires de cheville aux stimulations implantées du nerf tibial, dans le traitement du déficit de flexion dorsale de la cheville du sujet hémiparétique au cours de la marche. Les critères d'inclusion ont été : déficit de flexion dorsale de la cheville lors de la marche secondaire à une parésie spastique, selon l'avis du clinicien; marche possible sur 50 mètres avec ou sans aide technique ; performances de marche stables depuis au moins 1 an ; pas de toxine botulique dans les 4 mois avant l'inclusion. Les critères d'exclusion comportaient : traitement médicamenteux impliquant des neuroleptiques, benzodiazépines, antidépresseurs ou tout autre dépresseur synaptique ; flexion dorsale passive maximale de cheville < 90° en position genou tendu ; port de chaussures orthopédiques couvrant les malléoles. Les critères d'inclusion des sujets contrôles étaient (i) absence d'atteintes neurologiques, (ii) âge < 75.

Procédure expérimentale

Les sujets hémiparétiques ont d'abord été évalués pour la spasticité des fléchisseurs plantaires de cheville au repos (pour le muscle soléaire en position genou fléchi et les gastrocnémiens en position genou tendu) en utilisant l'Echelle de Tardieu, qui mesure l'angle et le grade de la spasticité (Gracies et al., 2010).

Evaluation EMG

A la suite de l'évaluation clinique, des paires d'électrodes de surface (Arbo H135TSG) ont été installées pour enregistrer l'activité des fléchisseurs plantaires et dorsaux de cheville, après le nettoyage et l'abrasion de la peau afin de réduire l'impédance. Le positionnement des électrodes a été réalisé selon les recommandations de Basmajian et Blumenstein (1980). L'enregistrement de l'EMG de surface réalisé par un dispositif Bluetooth 8 canaux (Mega Electronics Ltd, Kuopio, Finlande), a porté sur les muscles fléchisseurs dorsaux (tibial antérieur, TA) et plantaires (soléaire, SO et gastrocnémien médial, GM) de la cheville. Les sujets étaient ensuite installés en position assise avec la jambe parétique (jambe droite pour les sujets sains) fixée à 80-90° de flexion de la hanche, 0° de flexion du genou (genou tendu) et 90° de flexion dorsale de cheville, pour effectuer un enregistrement EMG au cours de contractions isométriques maximales en flexion dorsale et plantaire. Les contractions maximales ont été répétées au moins deux fois et accompagnées par des encouragements verbaux afin d'obtenir la meilleure contraction possible (Sahaly et al., 2003). Le signal EMG enregistré a été amplifié (x1000) et filtré en utilisant un filtre passe-haut de 30Hz, puis redressé pour obtenir un profil d'amplitude. Tous les calculs ont été effectués sous Matlab (version 7.1, Natick, Massachusetts - USA).

Analyse cinématique de la marche

Vingt-neuf marqueurs réfléchissants (1 cm de diamètre) ont été placés en regard de repères osseux de la tête, du dos, des épaules, des coudes, des poignets, du bassin, des cuisses, des genoux, des jambes et des pieds, pour chaque sujet, selon les recommandations d'Helen Hayes (Davis et al., 1991). A partir des marqueurs, des repères anatomiques ont été associés au segment pied et au segment tibia. A partir de ces repères, il a été possible de déterminer la position relative de l'un par rapport à l'autre. Une première acquisition statique dite de référence en position debout en appui bipodal a permis d'obtenir la position considérée comme neutre de la cheville. L'absence d'attitude pathologique de la cheville et du genou dans cette position (flessum, recurvatum) a été vérifiée lors de l'examen clinique. Cette position a ensuite été choisie comme référence pour calculer la variation de position relative du pied par rapport au tibia au cours des acquisitions dynamiques. Les sujets hémiparétiques et les sujets contrôles ont ainsi été invités à marcher à une vitesse confortable. Les sujets contrôles ont ensuite été invités à ralentir franchement leur vitesse en essayant de maintenir la marche la plus naturelle possible. Les données cinématiques et EMG ont été simultanément évaluées sur les deux côtés pour chaque sujet. Six essais de chaque vitesse avec au moins une enjambée de chaque côté (Arsenault et al., 1986) ont été enregistrés en utilisant le système Motion Analysis (Corporation,

Santa Rosa, CA, USA). Les signaux cinématiques ont été filtrés en utilisant un filtre de Butterworth 3Hz. Pour chaque côté du corps, la durée du cycle de marche a été définie comme le temps entre deux contacts consécutifs du talon (ipsilatéral) sur le sol. Les forces de réaction au sol ont été obtenues en utilisant six plate-formes de force (Bertek, Columbus, OH, USA) intégrées dans le couloir de marche, et utilisées dans le calcul des paramètres spatiaux. Une fois la phase de détection du cycle de marche terminée, chaque cycle de marche a été divisé en quatre phases, 3 périodes d'appui (T1-T2-T3) et la phase d'oscillation, allant du décollement des orteils jusqu'à l'attaque du talon au sol, couvrant environ de 60 à 100% du cycle de marche (T4, Figure 44A). Dans le but de pouvoir quantifier l'activité des muscles agoniste (tibial antérieur) et antagonistes (soléaire et gastrocnémien médial), à plusieurs périodes de la phase d'oscillation, nous avons divisé la phase d'oscillation (T4) en trois périodes de durée égale (T4-1, T4-2, T4-3, Figure 44B).

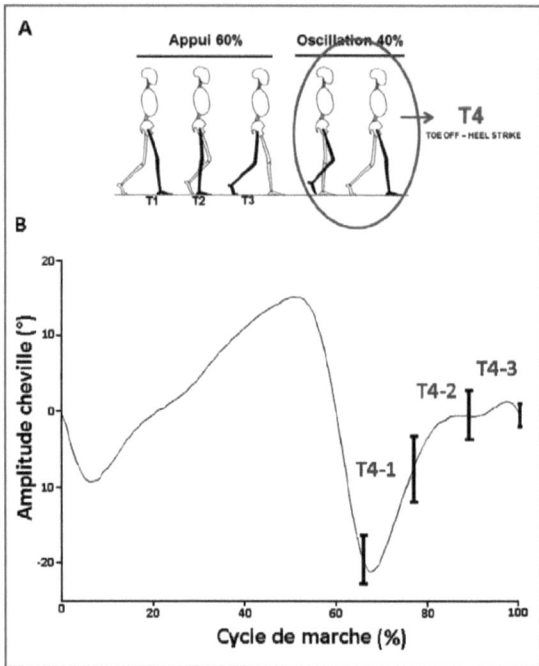

Figure 44. Subdivision du cycle de marche. A, cycle entier d'un sujet sain : trois temps de la phase d'appui (T1-T2-T3) et un temps d'oscillation (T4). B, amplitude de la cheville : trois intervalles de temps de la phase d'oscillation, T41-T42-T43.

Paramètres EMG et cinématiques étudiés

A partir de l'EMG filtré et rectifié, nous avons obtenu : (i) la Root Mean Square (RMS) pendant l'effort isométrique volontaire maximal (RMS_{MAX}) des muscles tibial antérieur, gastrocnémien médial et soléaire, la référence pour le recrutement musculaire maximal étant calculée en mesurant la valeur RMS observée lors des 500 ms autour du pic de son recrutement (Hamjian et Walker, 1994), (ii) la RMS des muscles tibial antérieur, gastrocnémien médial et soléaire calculée sur la phase d'oscillation entière (RMS_{T4}), puis durant ses trois périodes prédéfinies (RMS_{T4-1}, RMS_{T4-2}, RMS_{T4-3}).

A partir de ces mesures nous avons calculé les indices EMG et les variables cinématiques suivantes :

(1) Indice de Recrutement Agoniste (ARI) du tibial antérieur (TA) en calculant le rapport de la RMS_{TA-T4}/RMS_{TA-MAX} du tibial antérieur sur toute la phase d'oscillation et pendant les trois périodes prédéfinies de la phase d'oscillation ($RMS_{TA-T4-1}/RMS_{TA-MAX}$, $RMS_{TA-T4-2}/RMS_{TA-MAX}$, $RMS_{TA-T4-3}/RMS_{TA-MAX}$).

(2) Indice de cocontraction (ICC) du soléaire (SO) et du gastrocnémien médial (GM) en calculant le rapport RMS_{SO-T4}/RMS_{SO-MAX} et RMS_{GM-T4}/RMS_{GM-MAX} sur toute la phase d'oscillation, puis au cours des trois périodes prédéfinies de la phase d'oscillation ($RMS_{SO-T4-1}/RMS_{SO-MAX}$, $RMS_{SO-T4-2}/RMS_{SO-MAX}$, $RMS_{SO-T4-3}/RMS_{SO-MAX}$ et ($RMS_{GM-T4-1}/RMS_{GM-MAX}$, $RMS_{GM-T4-2}/RMS_{GM-MAX}$, $RMS_{GM-T4-3}/RMS_{GM-MAX}$).

(3) Minimum (min) et Maximum (max) de la flexion de cheville (FCmin - FCmax), correspondant à la variation de position de la cheville par rapport à la position statique de référence. Ce minimum et maximum de l'excursion de flexion de cheville à été calculé au cours de toute la phase d'oscillation (T4) et au cours des intervalles de temps définis précédemment T4-1; T4-2 et T4-3.

(4) La vitesse de marche (vitesse du point placé sur le sacrum au cours de l'acquisition), la longueur de l'enjambée et la cadence ont été calculées.

Tous ces paramètres ont été mesurés à vitesse confortable pour les sujets hémiparétiques et à vitesses confortable et lente chez les sujets contrôles.

Analyse statistique

Nous avons effectué une analyse descriptive (moyennes, écart-types) pour caractériser les paramètres spatio-temporaux (vitesse, pourcentage de la phase d'oscillation, longueur de l'enjambée et cadence) chez les sujets hémiparétiques et les sujets contrôles pendant les deux conditions de vitesse (confortable et lente). Nous avons effectué ensuite une analyse de variance à deux facteurs (groupe x période de la phase d'oscillation) pour comparer les variables cinématiques et EMG entre les groupes et entre les trois périodes de la phase d'oscillation respectivement pour les deux conditions de vitesse. Des comparaisons post-hoc ont été effectuées en utilisant des corrections de Bonferroni. Nous avons ensuite utilisé des corrélations de Pearson pour explorer les relations entre les paramètres cinématique et EMG. La significativité a été fixé à p<0,05.

1.4 Résultats

La moitié (5 sujets) des sujets hémiparétiques avaient été traités par une neurotomie tibiale plusieurs années avant l'inclusion dans le protocole. Les mesures des angles et des grades de la spasticité du muscle soléaire (genou fléchi) et du complexe gastrosoléaire (genou tendu) sont indiquées dans le Tableau 6.

Sujet	Âge	Spasticité SO		Spasticité CGS		Vitesse spontanée
		Angle	Grade	Angle	Grade	(m/sec)
S01	47	30	4	30	4	1,42
S02	51	0	0	0	0	0,91
S03	62	10	4	10	4	0,39
S04	24	0	0	0	0	0,81
S05	38	5	2	5	2	0,92
S06	75	0	0	0	0	0,61
S07	46	0	0	0	0	1,19
S08	58	15	2	12	2	0,52
S09	49	0	0	0	0	0,64
S10	44	10	4	5	4	0,15
S11	65	10	2	10	1	0,47
Moyenne	50,82	7,27	1,64	6,55	1,55	0,73
Ecartype	13,91	9,32	1,75	9,07	1,75	0,37

Tableau 6. Caractéristiques cliniques. Spas SO, spasticité du soléaire : flexion dorsale réalisé en position genou fléchi ; Spas CGS, spasticité du complexe gastrosoléaire : flexion dorsale réalisé en position genou tendu.

Caractéristiques spatio-temporelles

Le test ANOVA à un seul facteur (groupe) révèle une diminution significative de la vitesse de marche chez les sujets hémiparétiques par rapport aux sujets sains en condition de vitesse confortable (p <0,0001) mais pas par rapport aux sujets sains marchant à vitesse lente (p= 0,34) (Figure 45). La cadence et la longueur de l'enjambée sont plus faibles chez les sujets hémiparétiques que chez les sujets contrôles à vitesse confortable (cadence, F= 297,04, p<0,0001; longueur de l'enjambée, F= 252,99, p= 0,0001), mais ne diffèrent pas à vitesse lente (cadence, p= 0,74; longueur de l'enjambée, p= 0,79, Figure 45). La proportion de la phase d'oscillation par rapport à l'ensemble du cycle de la marche chez les sujets hémiparétiques est plus grande que chez les sujets contrôles marchant à vitesse lente (F= 6,98, p< 0,01).

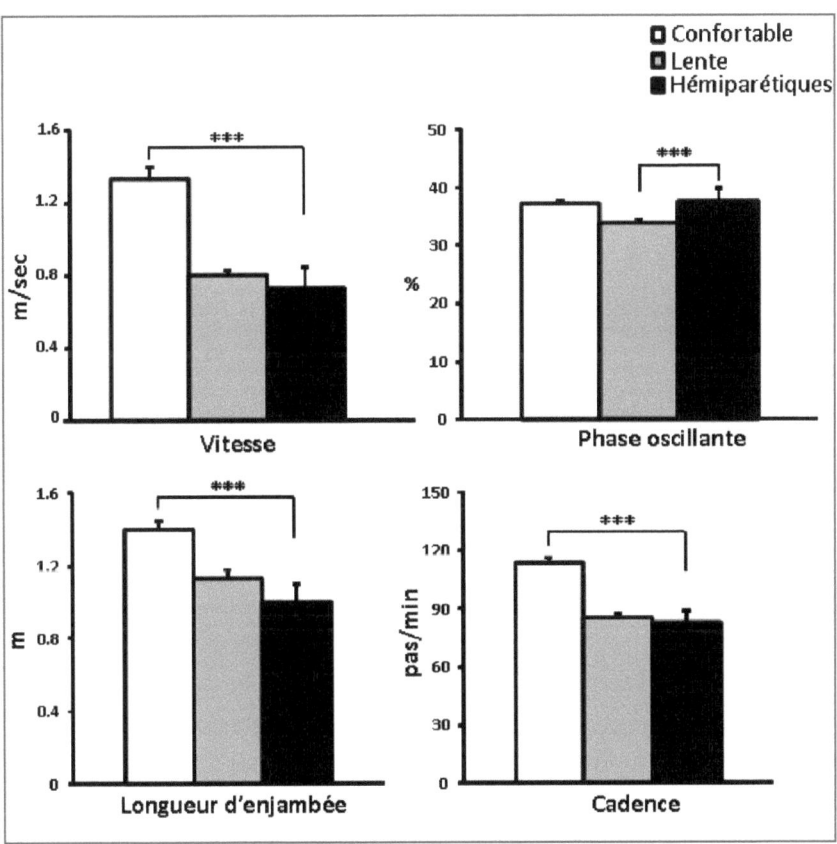

Figure 45. Caractéristiques spatio-temporelles de la marche chez les sujets contrôles à vitesse de marche confortable et lente et chez les sujets hémiparétiques.

Cinématique de la cheville

Flexion minimale de flexion de la cheville : la FCmin est plus faible chez les sujets hémiparétiques que chez les sujets contrôles à vitesse confortable et à vitesse lente pendant toute la phase d'oscillation, et quelle que soit la période de la phase d'oscillation (FCminT4 : -19,59° ± 3,34 sujets hémiparétiques vs -10,18° ± 1,91 , p<0,0001 sujets sains à vitesse confortable ; et vs -6,91° ± 1,81, p<0,0001 sujets sains à vitesse lente), et à chaque période de la phase d'oscillation (T4-1, p<0,01, T4-2, p<0,001, T4-3, p<0,001 - Figure 46).

Flexion maximale de flexion de la cheville : la FCmax est inférieure chez les sujets hémiparétiques que chez les sujets contrôles à vitesse confortable et lente pendant toute la phase d'oscillation et quelque soit la période de la phase d'oscillation (FCmaxT4 : -6,00° ± 2,15 sujets hémiparétiques vs 8,21 ± 1,18°, p<0,0001 sujets contrôles à vitesse confortable ; et vs 7,84° ± 1,43, p<0,0001 sujets sains à vitesse lente), et à chaque période de la phase d'oscillation (T4-1, p<0,001, T4-2, p<0,001, T4-3, p<0,001-Figure 46).

Caractéristiques EMG des muscles agonistes et antagonistes de la cheville

<u>Recrutement agoniste en valeurs absolues et relatives (RMS$_{TA}$ and IRA$_{TA}$)</u>

RMS$_{TA}$: quelle que soit la période de la phase d'oscillation, nous observons une différence entre les sujets hémiparétiques et les sujets contrôles en condition de vitesse confortable (F= 16,58, p<0,0001), la RMS$_{TA}$ étant inférieure chez les sujets hémiparétiques par rapport aux sujets contrôles au cours de la phase d'oscillation entière (T4). Il y a également une tendance à la différence lorsque nous comparons les sujets hémiparétiques et les sujets contrôles marchant lentement (F= 3,70, p= 0,06) Lorsque nous considérons séparément chaque période de la phase d'oscillation, les sujets hémiparétiques montrent une diminution significative de la RMS$_{TA}$ au cours du T4-1 (p<0,01) et du T4-2 (p<0,05) par rapport aux sujets contrôles en condition de vitesse confortable et pas de différence en condition de vitesse lente (Figure 47A).

IRA$_{TA}$: quelle que soit la période de la phase d'oscillation, il existe une différence entre les sujets hémiparétiques et les sujets contrôles à vitesse confortable (T4 : moyenne±ETM, 0,57 ± 0,05 sujets hémiparétiques vs 0,43 ± 0,06, p <0,001) et lente (T4 : 0,57 ± 0,05 vs 0,33 ± 0,05, p<0,0001), l'IRA$_{TA}$ étant plus élevé chez les sujets hémiparétiques que chez les sujets contrôles au cours de la phase d'oscillation entière (T4). Lorsque nous considérons séparément chaque période de la phase d'oscillation, les sujets hémiparétiques présentent une augmentation de l'IRA$_{TA}$ au cours du T4-1 par rapport aux sujets contrôles en condition de vitesse confortable

(T4-1 : 0,48 ± 0,08 vs 0,28 ± 0,06, p <0,05) et au cours des trois périodes en condition de vitesse lente (T4-1 : 0,48 ± 0,08 vs 0,28 ± 0,05 ; T4-2 : 0,53 ± 0,05 vs 0,32 ± 0,05; et T4-3 : 0,56 ± 0,07 vs 0,28 ± 0,05, p <0,05 - Figure 47B).

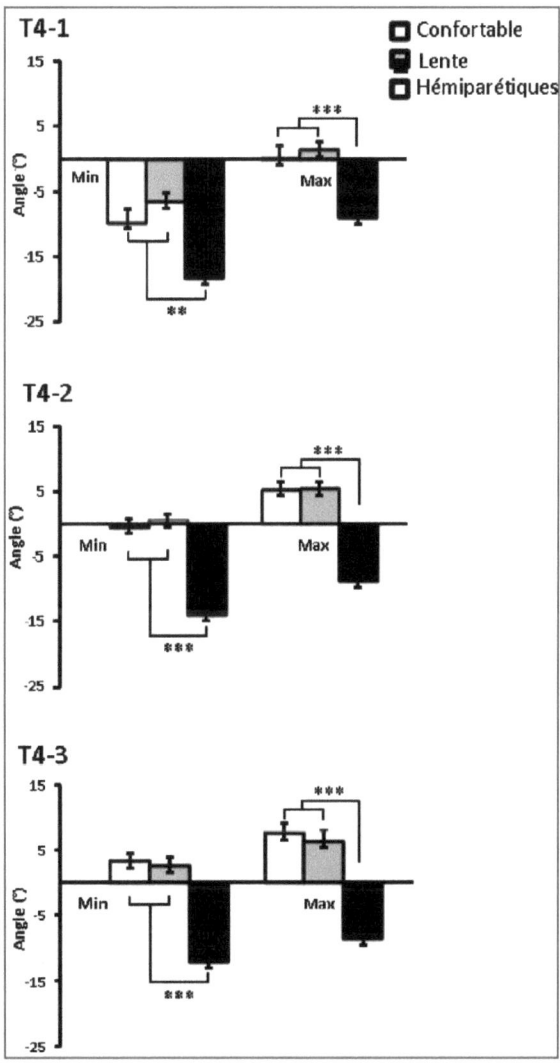

Figure 46 . Caractéristiques cinématiques de la cheville. Variables : variations minimale et maximale de la cheville au cours des trois intervalles de temps de la phase d'oscillation (T4-1, T4-2, T4-3) dans la population de sujets contrôles (vitesse confortable et lente) et de sujets hémiparétiques.

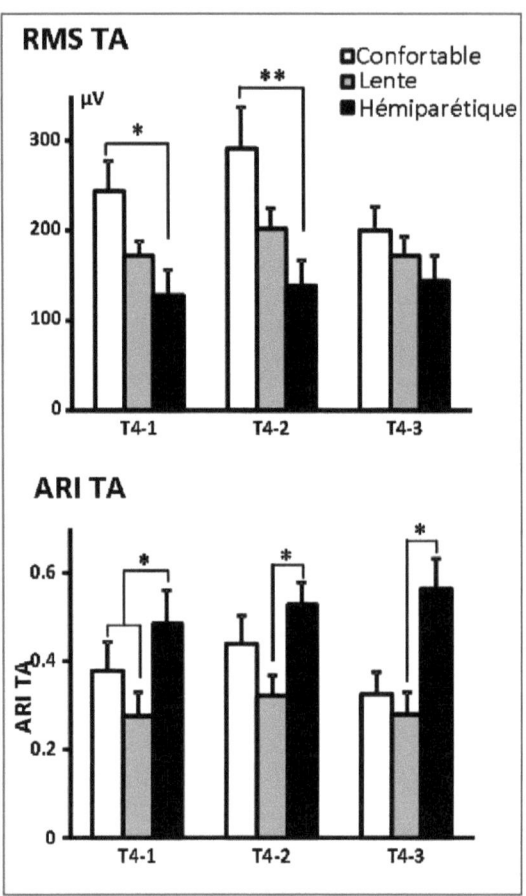

Figure 47. Recrutement agoniste du tibial antérieur. A, en valeurs absolues (RMS_{TA}) et B, en valeurs relatives (IRA_{TA}) au cours des trois intervalles de temps de la phase d'oscillation (T4-1, T4-2, T4-3) et dans les deux populations.

Muscles Antagonistes, Indices de cocontraction (ICC_{GM} et ICC_{SO})

ICC_{GM} : quelle que soit la période de la phase d'oscillation, nous observons une différence significative entre les sujets hémiparétiques et les sujets contrôles en condition de vitesse confortable et lente, l'ICC_{GM}, étant supérieur chez les sujets hémiparétiques par rapport aux sujets contrôles au cours de la phase d'oscillation entière (ICC_{GM}T4 : 1,21 ± 0,21 sujets hémiparétiques vs 0,62 ± 0,07, p<0,0001, sujets contrôles vitesse confortable ; et vs 0,48 ± 0,06, p<0,0001 sujets sains à vitesse lente). De même, au cours de chaque période de la phase

156

d'oscillation prise séparément, les sujets hémiparétiques présentent une augmentation significative de l'ICC$_{GM}$ au cours des trois périodes par rapport aux sujets contrôles en condition de vitesse confortable et lente (T4-1, T4-2, et T4-3, p <0,001 - Figure 48A).

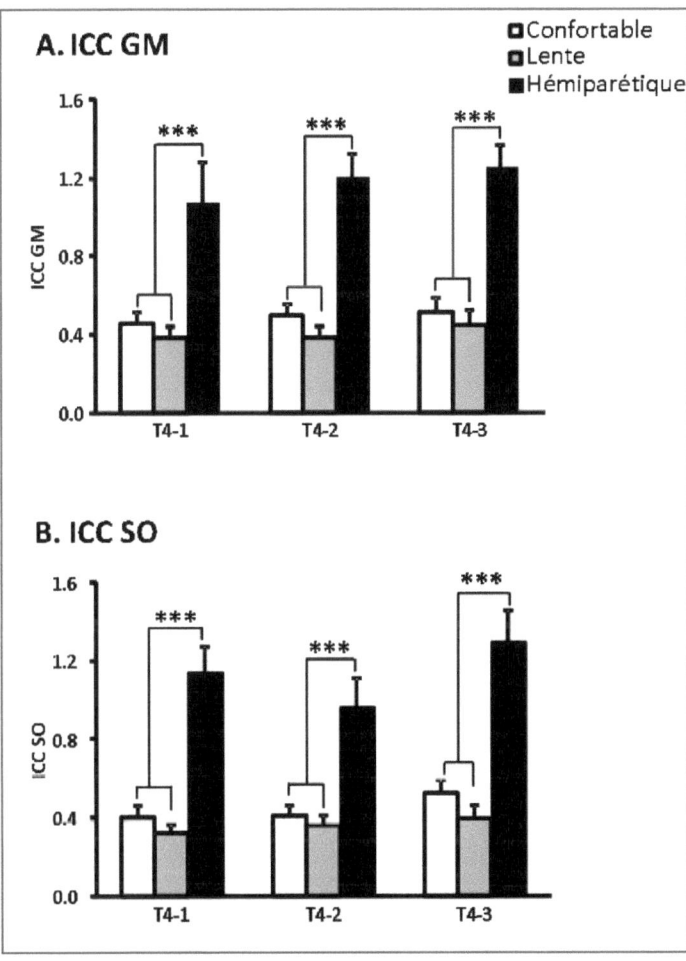

Figure 48. Indices de Cocontraction Antagoniste (ICC). A, du muscle gastrocnémien médial (ICC$_{GM}$) et B, du muscle soléaire (ICC$_{SO}$) au cours des trois intervalles de temps de la phase d'oscillation (T4-1, T4-2, T4-3) et dans les deux populations.

ICC$_{SO}$: quelle que soit la période de la phase d'oscillation, nous observons une différence significative entre les sujets hémiparétiques et les sujets contrôles en condition de vitesse confortable et lente, l'ICC_{SO}, étant supérieur chez les sujets hémiparétiques par rapport aux sujets contrôles au cours de la phase d'oscillation entière : ($ICC_{SO}T4$: 1,22 ± 0,13 sujets hémiparétiques vs 0,60 ± 0,06, p<0,0001 - sujets contrôles à vitesse confortable ; et vs 0,44 ± 0,06, p<0,0001 - sujets sains à vitesse lente). A nouveau, lorsque nous considérons séparément les trois périodes de la phase d'oscillation, il y a une augmentation de l'ICC_{SO} chez les sujets hémiparétiques par rapport aux sujets contrôles en condition de vitesse confortable et lente (T4-1, T4-2, et T4-3, p <0,0001 - Figure 48B).

1.5 Discussion

Cette étude sur la cocontraction des fléchisseurs plantaires pendant la phase d'oscillation de la marche hémiparétique comparée à celle de sujets sains marchant à la même vitesse, a montré chez les sujets hémiparétiques une durée relative plus importante de la phase d'oscillation et un déficit majeur de la flexion dorsale de la cheville tout au long de cette phase. Cette dernière observation a été associée à un déficit modéré du recrutement brut du tibial antérieur (25% en moyenne) mais surtout à un indice de recrutement relatif de ce muscle (par rapport à sa contraction maximale) plus élevé que la normale, concomitant d'une augmentation importante de la cocontraction des fléchisseurs plantaires. Cela suggère une tentative de compensation, à la fois de la résistance passive des fléchisseurs plantaires mais aussi de leur cocontraction par une modulation appropriée bien qu'insuffisante du recrutement du tibial antérieur pendant la phase d'oscillation.

Méthodologie de la sélection des sujets sains appariés sur la vitesse de marche en tant que groupe contrôle

La vitesse de marche lente des sujets hémiparétiques (Sutherland et al., 1969 ; Perry et al., 1974 ; Murray et al., 1984) a déterminé notre choix de faire marcher lentement les sujets contrôles dans le but d'obtenir des conditions cinématiques similaires à celles des sujets hémiparétiques. Le but était d'exclure la possibilité que certains changements cinématiques et EMG chez les sujets hémiparétiques au cours de la phase d'oscillation aient pu être principalement dus aux différences de vitesses de marche (Winter, 1991; Lehmann et al., 1987). La vitesse lente adoptée par les sujets contrôles dans cette étude s'est avérée similaire à la vitesse confortable des sujets hémiparétiques, ce qui rend possible les comparaisons ultérieures entre les deux populations.

Chez les sujets contrôles, le lien entre longueur d'enjambée, cadence, durée de la phase d'oscillation et vitesse de marche est bien établi (Andriacchi et al., 1977 ; Murray et al., 1984 ; Bohannon et al., 1987). Les réductions de vitesse de marche, longueur d'enjambée et cadence dans notre groupe de sujets hémiparétiques sont également similaires aux données antérieures de la littérature dans l'hémiparésie (Peat et al., 1976 ; Brandstater et al., 1983 ; Lehmann et al., 1987 ; Olney et al., 1994).

Durée du balancement du membre inférieur au cours de la phase d'oscillation

Il est remarquable de constater que, même lorsque nous comparons les sujets contrôles appariés en vitesse aux sujets hémiparétiques, chez ces derniers la phase d'oscillation restait plus longue (environ 10%). La phase d'appui est alors nécessairement plus courte. Ceci apparaît logique si nous considérons la diminution de la vitesse angulaire de rotation passive de la cheville au cours de l'appui par un manque d'extensibilité des fléchisseurs plantaires. La jambe controlatérale compense ainsi en raccourcissant grandement sa phase d'oscillation respective. Ce raccourcissement relatif de la phase oscillante de la jambe parétique, se confirme être ici, un élément sémiologique clé de la marche dans l'hémiparésie (Mena et al., 1981 ; Moore et al., 1993).

Cinématique de la cheville

Chez les sujets hémiparétiques, le déficit de flexion dorsale active au cours de la phase d'oscillation est également bien établi (Berger et al., 1984 ; Knutsson et Richards, 1979 ; Lehmann et al., 1987 ; Olney et al., 1986 ; Hesse et al., 1996 ; Lamontagne et al., 2000). Il est intéressant de souligner que dans notre étude, ce déficit relatif semble même augmenter au fur et à mesure de la phase d'oscillation, pendant que chez les sujets contrôles la flexion dorsale de la cheville augmente justement au fur et à mesure des trois périodes de l'oscillation. Chez les sujets hémiparétiques la cheville est donc demeurée d'une manière assez stable en flexion plantaire tout au long de l'oscillation. Cette stabilité de la position articulaire rend peu probable, qu'une composante significative de l'activité des fléchisseurs plantaires pendant l'oscillation, ait pu être dûe au déclenchement d'un réflexe d'étirement. Cet argument, est de plus soutenu par le faible dégré (absence pour la majorité) de spasticité présenté par les sujets hémiparétiques à l'étude, ayant subi une neurotomie tibiale plusieurs années avant.

Recrutement agoniste au cours de la phase d'oscillation

Chez les sujets contrôles, la flexion dorsale de cheville est accompagnée par une augmentation de l'activité du tibial antérieur qui semble être corrélée à la vitesse (les deux valeurs EMG absolues et relatives augmentent avec la vitesse dans cette étude), ce qui confirme des données connues (Milner et Basmajian, 1971 ; Murray et al., 1984 ; Yang et Winter, 1985). A des vitesses plus rapides, les segments de membres se déplacent sur une plus grande amplitude de mouvement avec des temps plus courts nécessitant donc une plus grande activité musculaire. Chez les sujets hémiparétiques, la diminution de l'activité brute du tibial antérieur par rapport aux sujets contrôles est également en accord avec la littérature antérieure (Peat et al., 1976 ; Knutsson et Richards, 1979 , 1981 ; Perry et al., 1978 ; Shiavi et al., 1987) ainsi que son association avec une flexion dorsale de cheville inefficace (Dietz et al., 1981 ; Berger et al., 1984 ; Lamontagne et al., 2002 ; Den Otter et al., 2007).

Une observation clé de cette étude est l'augmentation de l'indice de recrutement agoniste chez les sujets hémiparétiques à marche lente, comparativement aux sujets contrôles appariés en vitesse, ce qui tend à corroborer une autre étude qui a exploré les indices de recrutement (Burridge et al., 2001). L'impression est que la commande motrice compense en augmentant l'effort relatif du recrutement du tibial antérieur (Peat et al., 1976; Yang et Winter., 1984; Nadeau et al., 1997) pour aider à s'opposer aux résistances anormales provenant des tissus antagonistes. Ces résistances peuvent être dues à des déficits d'extensibilité passive des fléchisseurs plantaires ou bien à leur cocontraction exacerbée. Le premier élément semble avoir été mineur, compte tenu du faible angle de flexion dorsale atteint par la cheville chez les sujets hémiparétiques (- 8° aux valeurs maximales en fin d'oscillation). Par contre la résistance active à partir de la cocontraction des fléchisseurs plantaires, a été dans cette étude, nettement augmentée en comparaison avec les sujets contrôles : environ 250% d'augmentation de l'indice de cocontraction du soléaire et du gastrocnémien médial.

Recrutement antagoniste au cours de la phase d'oscillation

L'activité excessive des fléchisseurs plantaires lors de la marche des sujets hémiparétiques a souvent été rapportée (Peat et al., 1976 ; Knutsson et Richards, 1979 ; Unnithan et al., 1996 ; Hesse et al., 1996), mais pas toujours (Dietz et al., 1981 ; Berger et al., 1984 ; Lamontagne et al., 2000, 2002). Dans notre étude, les augmentations majeures des indices de cocontraction des fléchisseurs plantaires en situation de cheville quasiment isométrique, en tous cas pour le soléaire, semblent indiquer la cocontraction antagoniste des fléchisseurs plantaires lors de la

160

phase d'oscillation comme le principal facteur limitant la flexion dorsale active de la cheville. En effet, il est remarquable de souligner que dans un certain nombre de cas, les valeurs des indices de cocontraction chez les sujets hémiparétiques étaient supérieures à 1. Cela indique un recrutement plus élevé des fléchisseurs plantaires en qualité d'antagonistes lors d'une activité phasique en position vertical, que lors d'un recrutement actif maximal isométrique effectué en position assise. Il faut en effet considérer que le recrutement actif maximal des fléchisseurs plantaires qui nous a servi de référence, aurait pu être supérieur s'il avait été mesuré en position debout, avec par exemple une participation plus élevée des faisceaux vestibulospinaux (Krainak et al., 2011).

Enfin, il est à noter que l'ICC_{GM} a continué d'augmenter tout au long de la phase d'oscillation (comme l'IRA_{TA}), ce qui pourrait correspondre à une aggravation de la cocontraction au cours de la réextension du genou (étirement des gastrocnémiens) qui se produit dans la deuxième partie de la phase oscillante. Il est difficile d'établir à partir des données présentes si les deux augmentations de l'ICC_{GM} et de l'IRA_{TA} ont un rapport de causalité et si oui, laquelle est causale de l'autre. Nous pouvons donc nous demander si la cocontraction antagoniste (mauvaise distribution de la commande descendante, Gracies et al, 1997 ; Vinti et al, 2012b) n'a fait que suivre la progressive augmentation de l'effort dirigé vers les fléchisseurs dorsaux, ou bien plutôt si le recrutement agoniste venait compenser simplement une augmentation de l'activité antagoniste liée par exemple à un étirement progressif des gastrocnémiens au cours de la réextension du genou.

CHAPITRE IV - Cocontraction spastique et effets de la toxine botulique

Rappel des hypothèses :

La toxine botulique représentant un traitement ciblé du muscle hyperactif générera une diminution de la cocontraction spastique du muscle injecté et du muscle non injecté.

Ce travail a été publié dans la revue *Muscle et Nerve (2012)*.

1.1 RESUME

Introduction. Dans cette étude réalisée sur l'hémiparésie spastique, nous avons évalué la cocontraction pendant des efforts agonistes/antagonistes soutenus du bras, avant et après une injection de toxine botulique (BoNT) dans l'agoniste (fléchisseur). *Méthodes.* Dix-neuf sujets atteints d'une hémiparésie spastique ont réalisé des contractions maximales isométriques de flexion/extension du bras avec le coude placé à 100° (muscles extenseurs en position étirée).Utilisant l'électromyographie (EMG) de surface des muscles fléchisseurs et extenseurs, nous avons calculé les indices de Recrutement Agoniste et de Cocontraction prenant comme référence de recrutement agoniste maximal l'activité EMG obtenue pendant un intervalle de temps de 500 ms autour du pic de la tension maximale. Les expérimentations ont été répétées avant et un mois après l'injection de 160U de onabotulinumtoxinA dans le biceps brachial. *Résultats.* Avant l'injection, les indices de Recrutement Agoniste et de Cocontraction étaient plus élevés dans les extenseurs que dans les fléchisseurs (respectivement 0.74 ± 0.15 vs 0.59 ± 0.10, $p<0.01$; 0.43 ± 0.25 vs 0.25 ± 0.13, $p<0.05$). L'injection dans le Biceps provoque une diminution de l'indice de Cocontraction des muscles extenseurs (-35%, $p<0.05$) et une augmentation des indices de Recrutement Agoniste et de Cocontraction des muscles fléchisseurs. *Discussion.* Dans l'hémiparésie spastique, l'étirement pourrait faciliter le recrutement agoniste et la cocontraction. Dans l'antagoniste non injecté, la cocontraction pourrait être réduite par l'inhibition réciproque renforcée par le relâchement et donc l'étirement augmenté de l'agoniste ou bien par la diminution de l'inhibition récurrente depuis le muscle injecté.

Le concept de cocontraction spastique a été introduit récemment dans la taxonomie des des éléments constitutifs du syndrome de parésie spastique. Elle est définie comme une mauvaise distribution de la commande supramédullaire qui recrute anormalement les unités motrices antagonistes au cours d'un effort dirigé sur l'agoniste, indépendante de tout étirement phasique (Gracies, 2005b ; Gracies et al., 1997). Bien que le recrutement des récepteurs à l'étirement dans le muscle hyperactif aggrave la cocontraction spastique, le phénomène se produit indépendamment de tout mouvement d'étirement musculaire. La cocontraction spastique entrave ainsi directement le mouvement volontaire et est probablement l'un des types d'hyperactivité musculaire le plus invalidant. Comme l'hyperactivité musculaire prédomine dans certains muscles dans la parésie spastique, produisant un déséquilibre entre agoniste-antagoniste (Denny-Brown, 1966 ; Tardieu et al., 1979), l'injection intramusculaire de toxine botulique (TB) a été proposée pour rétablir l'équilibre autour des articulations par réduction focale de l'hyperactivité musculaire. En outre, ce traitement offre des possibilités de mieux étirer le muscle injecté et de plus facilement travailler au renforcement de son antagoniste (Gracies, 2004 ; Gracies et al., 2009). Bien que plusieurs études aient décrit qualitativement la cocontraction dans la parésie spastique, peu nombreuses sont celles qui ont tenté de quantifier le phénomène (Knutsson et Mårtensson, 1980 ; Levin and Hui-chan, 1994 ; Unnithan et al., 1996b). Des mesures dynamométriques ont été utilisées, mais les approches mathématiques impliquées (Falconer et Winter, 1985 ; Solomonov et al., 1986) restent difficiles à appliquer et n'auraient dans la pratique que peu de validité dans les muscles rhéologiquement modifiés, comme c'est le cas dans la parésie spastique. Les mesures par l'électromyographie (EMG) sont ici notre choix. La moyenne quadratique (Root Mean Square, RMS) du signal EMG, qui exprime les débits moyens de signaux électriques dans une fenêtre de temps, est considéré comme une appréciation valide du comportement des unités motrices (Duchêne et Goubel, 1993). Dans cette étude, pour calculer l'Indice de Recrutement Agoniste (IRA) et l'Indice de CoContraction (ICC) dans des fenêtres temporelles spécifiques, nous avons utilisé comme référence la RMS obtenue pendant un intervalle de temps de 500 ms autour du pic de recrutement maximal du muscle pendant un effort volontaire maximal sur ce muscle (Walker et al., 1993 ; Hamjian et Walker 1994). L'objectif principal de ce travail est de quantifier l'activation des muscles fléchisseurs et extenseurs du coude dans leurs rôles respectifs d'agoniste et antagoniste au cours d'efforts isométriques soutenus réalisés par le membre supérieur parétique. Le deuxième objectif est d'observer les effets de l'injection de TB dans les fléchisseurs du coude sur l'activation agoniste et antagoniste (cocontraction) des muscles fléchisseurs et extenseurs du coude.

1.3 Matériels et méthodes

1.3 Matériels et méthodes

Ce travail est une étude ancillaire d'un essai randomisé, contrôlé, à groupes parallèles, en double aveugle, portant sur l'évaluation de l'efficacité de 3 différentes techniques d'injection (volumes élevés non-ciblés, faibles volumes-ciblés et faibles volumes non-ciblés) de 160U d'onabotulinumtoxinA (TB-A, Botox ®, Allergan, Inc, Irvine, CA) dans le muscle biceps brachial du membre supérieur parétique chez des sujets ayant une hémiparésie due à une lésion cérébrale d'origine traumatique ou secondaire à un accident vasculaire cérébral. Les principaux résultats de cette étude ont été publiés précédemment (Gracies et al., 2009). En bref, l'injection de TB-A dans le biceps a réduit globalement de 47,5% les valeurs absolues du Voltage Rectifié Moyen (VRM) des fléchisseurs lors de la flexion maximale volontaire (fléchisseurs agonistes), de 33% le Couple Maximal Volontaire (CMV) en flexion, de 30% l'angle de spasticité des fléchisseurs du coude et de 17% le grade de spasticité (Echelle de Tardieu, Gracies et al., 2010). Aucun changement n'a été observé dans l'amplitude de flexion active du coude. En parallèle, nous avons mesuré une réduction de 12% du VRM des fléchisseurs en tant qu'antagonistes (lors de l'extension maximale volontaire) et de 19% du VRM des extenseurs en tant qu'antagonistes (lors de la flexion maximale volontaire) tandis que le VRM des extenseurs en tant qu'agonistes (lors de l'extension maximale volontaire) n'a pas été modifié. En outre, le CMV d'extension a été augmenté de 24%, et l'amplitude d'extension active du coude a augmenté de 8° (5,5%). Il n'y a pas eu de changement dans l'angle ou le grade de la spasticité des extenseurs. Lorsque nous comparons les 3 techniques d'injection, celles utilisant des volumes élevés non-ciblés et celles à faibles volumes ciblés ont permis une plus grande réduction du VRM des fléchisseurs agonistes et antagonistes ainsi qu'une plus grande réduction de la spasticité des fléchisseurs, par rapport aux injections à faibles volumes non-ciblés.

Population

Dix-neuf sujets (âge moyen 48 ± 20 ans) ont participé à cette étude. Ils présentaient une hémiparésie secondaire à une lésion cérébrale traumatique ou à un accident vasculaire cérébral ayant eu lieu au moins 4 semaines avant le recrutement dans l'étude. Les sujets ont été recrutés sur la base d'un angle de spasticité des fléchisseurs du coude de plus de 0° sur l'Echelle de

Tardieu (Gracies et al., 2010). Les critères d'exclusion ont été : la présence de troubles cognitifs interférant avec la capacité de donner un consentement éclairé ou de coopérer à l'étude et une hypersensibilité aux composantes de la TB. Les participants ont été évalués lors de 2 visites, avant et mois après l'injection de 160U d'onabotulinumtoxinA dans le biceps brachial du bras parétique.

Appareil expérimental / Recueil des données

Les sujets sont confortablement assis avec l'avant-bras en appui contre une barre verticale fixe reliée à une jauge de contrainte (coude fléchi à 100°). L'avant-bras est placé en supination complète avec le poignet attaché à la barre (Figure 49).

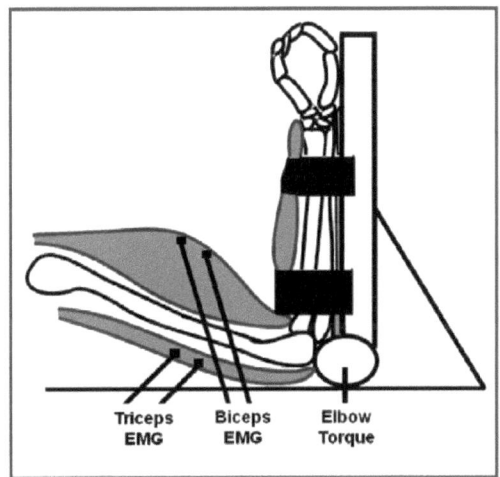

Figure 49. Dispositif expérimental. Une jauge angulaire mesure le couple des fléchisseurs et extenseurs autour du coude. Deux paires d'électrodes de surface détectent l'activité EMG des muscles biceps et triceps brachial.

Les sujets ont effectué des efforts volontaires isométriques maximaux *«aussi fort que possible»* en alternant flexion *«tirer en arrière»* et extension du coude *«pousser en avant»* pendant une durée de 5 secondes (Figure 50A). L'activité EMG lors de chaque effort de 5 secondes, a été enregistrée au niveau des muscles fléchisseurs et extenseurs sur la partie supérieure du bras par deux paires d'électrodes de surface AgCl de 2 cm. Avant l'application des électrodes une préparation de la peau a été effectuée par abrasion et nettoyage avec de l'alcool. Les électrodes proximales sont positionnées 15 cm en amont du pli du coude (bras tendu) pour la paire des fléchisseurs et 15 cm en amont de l'olécrane (bras fléchi à 90°) pour les extenseurs. Les signaux EMG ont été amplifiés (gain 1000), filtrés avec un filtre passe-bande compris entre 30 à 3000 Hz, numérisés (2500 Hz ; Modèle 1401, Cambridge Cambridge Electronic Design), enregistrés sur le disque dur et traités à l'aide de Spike 2 (version 7.02, DEC, Cambridge, Royaume-Uni) sur un ordinateur. Le traitement du signal a impliqué le retrait des composantes à basses fréquences (DC - direct current), la rectification et le lissage en utilisant une constante de temps de 0,04 sec.

Protocole d'injection de la TB

Après la session d'enregistrement initiale, chaque sujet a reçu une injection de 160U de onabotulinumtoxinA dans le biceps brachial du bras parétique. L'injection de TB a été ciblée en utilisant la technique de stimulation électrique (Gündüz et al., 1992 ; Gracies et Simpson, 1999, 2000) grâce à une aiguille d'injection de 37mm x 27G. La stimulation a été délivrée à partir d'un stimulateur à voltage constant, avec une durée d'impulsion de 0,2 ms et une intensité de 0,5 à 1 mAmp.

Analyse des données

Nous avons sélectionné 4 périodes de temps pour l'analyse EMG : les 500 ms autour du pic de recrutement agoniste volontaire maximal (T0), la durée de l'effort total (T) et les 2,5 premières et dernières secondes de l'effort (T1, T2, Figure 50B). Nous avons déterminé pour chaque période sélectionnée :

(i) La moyenne quadratique de l'agoniste et de l'antagoniste (RMS) des EMG des fléchisseurs/extenseurs du coude lors des efforts isométriques maximaux de flexion/extension.

(ii) L'*Indice de Recrutement Agoniste* (IRA), donné par le rapport de la RMS d'un muscle agissant comme agoniste pendant une période donnée à sa plus grande valeur RMS observée au cours des 500 ms autour de son pic de recrutement agoniste maximal (T0).

(iii) L'*Indice de Cocontraction* (CCI) défini par le rapport de la RMS d'un muscle quand il agit comme antagoniste à la RMS du même muscle lorsqu'il agit comme agoniste au cours des 500 ms autour de son pic de recrutement maximal (T0) lors de l'effort opposé. Les mesures ont été répétées un mois après une injection de 160U d'onabotulinumtoxinA dans le biceps brachial.

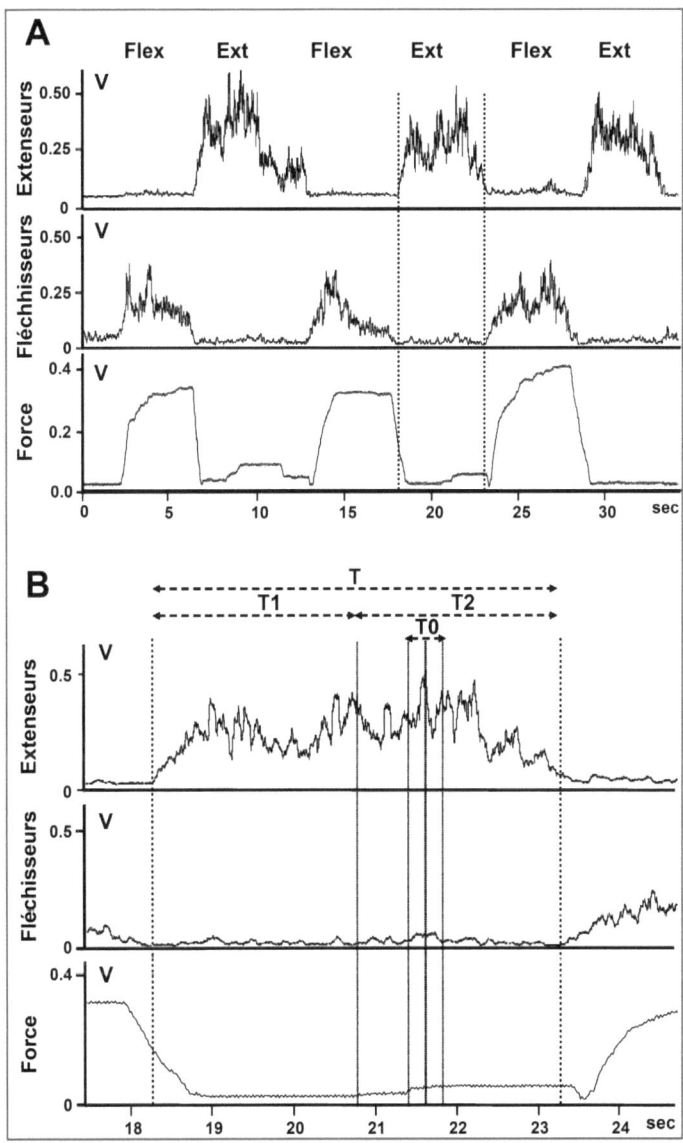

Figure 50. EMG et enregistrement du couple. A, Couple et EMG de flexion/extension du coude pendant 3 efforts de flexion/extension. Ext, effort d'extension ; Flex, effort de flexion. Analyse d'un effort d'extension entre les lignes en pointillés dans B. B, EMG analysés au cours de T0 : 500ms autour pic de recrutement agoniste maximal ; T : durée total de l'effort ; T1 et T2 : premiers et derniers 2,5 secondes.

Analyse statistique

Nous avons utilisé le test des rangs signés de Wilcoxon (échantillons appariés) pour comparer les Indices de Recrutement Agoniste (IRA) et de Cocontraction (ICC) en pré et post injection pour chaque muscle, et le test de Wilcoxon-Mann-Whitney (échantillons non appariés) pour comparer ces mêmes variables entre les muscles fléchisseurs et extenseurs. Une analyse de la variance (ANOVA) à 2 facteurs (muscle x traitement) a été utilisée pour évaluer les différences sur ces mêmes indices à travers les différentes périodes d'EMG étudiées. Pour les comparaisons multiples, nous avons utilisé la correction de Bonferroni. La significativité statistique a été fixée à 0,05. Toutes les analyses statistiques ont été effectuées en utilisant SPSS 17.0 (SPSS Inc, Chicago, IL).

1.4 Résultats

Avant le traitement par la BoNT

Activité agoniste

Avant l'injection, le recrutement agoniste (IRA) des fléchisseurs est inférieur de 20-25% par rapport au recrutement agoniste des extenseurs sur la durée totale de l'effort (p<0,01 ; Figure 51) et diminue de 17% entre les premières et les dernières 2,5 secondes de l'effort (p<0,001 ; Figure 51).

Cocontraction antagoniste

L'indice de cocontraction (ICC) des fléchisseurs est plus élevé lors du pic de recrutement agoniste des extenseurs (T0) que sur la totalité de l'effort (p<0,05 ; Figure 52). L'ICC des fléchisseurs est également inférieur de 30-40% à l'ICC des extenseurs quelle que soit la période de l'effort considéré (p<0,05 ; Figure 52).

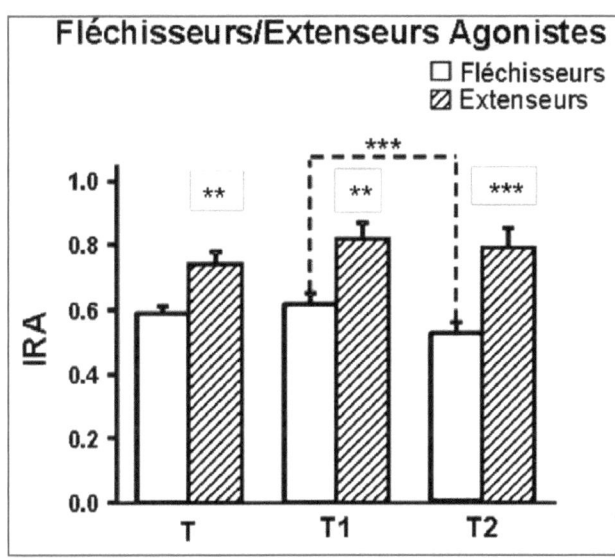

*Figure 51. Activité EMG agoniste avant l'injection des fléchisseurs. Recrutement agoniste des fléchisseurs (IRA) inférieur aux IRA des extenseurs dans toutes les périodes ; diminution au cours du T2 (entre tirets***).*

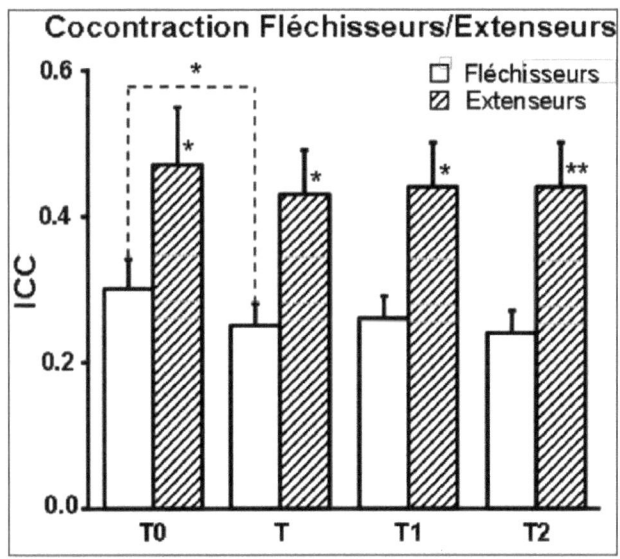

Figure 52. Activité EMG antagoniste avant l'injection des fléchisseurs. Indice de cocontraction des fléchisseurs (ICC) inférieur aux ICC des extenseurs dans toutes les périodes et supérieur au pic de recrutement agoniste (T0) que sur la totalité de l'effort (entre tirets). *, p<0,05 ; **, p<0,01 ; ***, p<0,001.*

Après le traitement avec BoNT

L'injection de toxine dans le biceps a agit différemment sur le recrutement agoniste et antagoniste dans les 2 muscles, l'ANOVA à 2 facteurs montrant que les IRA sont plus affectés que les ICC dans les fléchisseurs, et inversement pour les extenseurs (p<0,05).

Activité agoniste

Après injection de toxine botulique, l'indice de recrutement agoniste des fléchisseurs (IRA) a augmenté de 15-20% dans toutes les périodes (p<0,05 ; Figure 53), tandis que l'indice de recrutement agoniste des extenseurs est resté inchangé (données non illustrées). L'IRA des fléchisseurs a diminué de 13% entre les premières et dernières 2,5 secondes de l'effort (p= 0,009, données non présentées), un changement qui n'est pas significativement différent de celui avant l'injection.

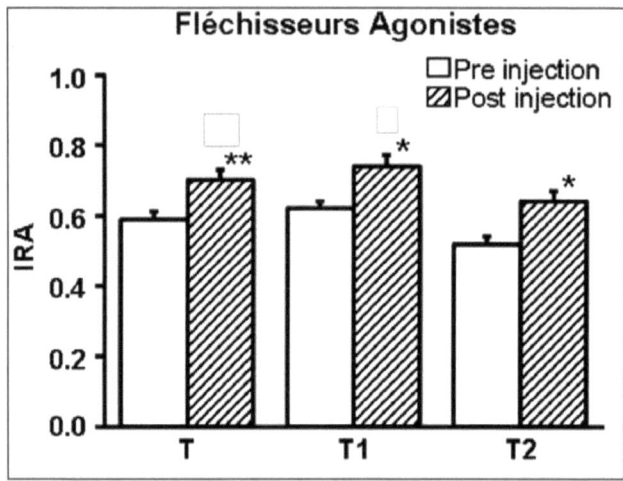

Figure 53. Activité EMG agoniste après injection des fléchisseurs. Le recrutement agoniste des fléchisseurs (IRA) a augmenté après l'injection de BoNT dans les fléchisseurs à toutes les périodes.

Cocontraction antagoniste

L'indice de cocontraction des fléchisseurs (ICC) a doublé à peu près dans toutes les périodes (p<0,01) tandis que l'indice de cocontraction des extenseurs a diminué d'environ un tiers au cours des 5 secondes de l'effort (p<0,05 ; Figure 54).

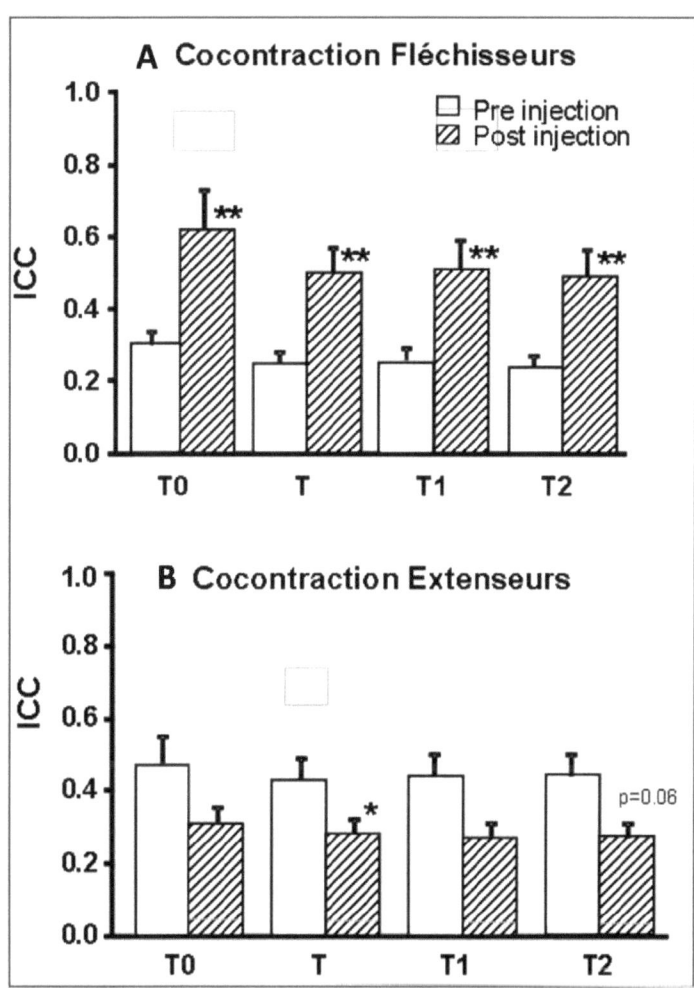

Figure 54. Activité EMG antagoniste après injection des fléchisseurs. A, après l'injection de BoNT, les ICC des fléchisseurs augmentent dans toutes les périodes. B, les ICC des extenseurs diminuent pendant la durée totale de l'effort (T).

1.5 Discussion

Lorsque les sujets atteints d'une hémiparésie chronique réalisent des efforts isométriques maximaux avec le coude fléchi, le degré du recrutement agoniste et de la cocontraction spastique est plus élevé dans les extenseurs que dans les fléchisseurs du coude. L'injection de TB augmente l'indice de recrutement agoniste et l'indice de cocontraction dans le muscle injecté (fléchisseurs) et diminue l'indice de cocontraction dans le muscle antagoniste non-injecté (extenseurs).

Recrutement agoniste dans l'hémiparésie spastique

Le premier objectif de cette étude a été d'explorer le recrutement des muscles fléchisseurs et extenseurs du membre supérieur parétique dans leurs rôles réciproques d'agonistes et d'antagonistes. Historiquement, les extenseurs du bras et les fléchisseurs de la jambe ont été considérés comme plus faibles par rapport à leurs antagonistes dans la parésie spastique (Wernicke, 1889 ; Mann, 1895), ce qui correspond intuitivement à la déformation du corps classiquement observée dans une hémiparésie et à l'enseignement clinique conventionnel. Des découvertes inattendues dans le membre supérieur, ont cependant contesté cette notion, en décrivant chez la plupart des sujets hémiparétiques observés un affaiblissement plus important dans les muscles fléchisseurs que dans les extenseurs (Colebatch et Gandevia, 1989).

Notre étude semble corroborer ce résultat, à savoir que les muscles extenseurs agonistes sont mieux recrutés et moins sujets à la fatigue que les muscles fléchisseurs dans toutes les périodes étudiées. Toutefois, les résultats de Colebatch et Gandevia (1989) ainsi que cette étude sont issues de mesures réalisées en position coude fléchi à 90-100°. Dans ces paradigmes, le recrutement plus important des extenseurs peut donc être un artefact de la position toniquement étirée imposée aux muscles extenseurs. En particulier, dans une parésie spastique l'étirement maintenu pourrait déclencher des facilitations toniques du groupe II sur les pools motoneuronaux des extenseurs (Cody et al., 1987 ; Marque et al., 2001 ; Rémy-Néris et al., 2003 ; Achache et al., 2010).

Cocontraction spastique

Dans ce paradigme, l'indice de cocontraction des extenseurs a été également supérieur à celui des fléchisseurs et n'a subi aucun impact de la fatigue. Encore une fois, le plus haut degré de cocontraction des extenseurs pourrait être lié à la position étirée des muscles extenseurs, facilitant le recrutement des fibres du groupe II (Cody et al., 1987 ; Marque et al., 2001 ; Rémy-Néris et al., 2003 ; Achache et al., 2010). Dans l'ensemble, la cocontraction est apparue très prévalente, ce qui contraste avec certaines études antérieures dans la parésie spastique (Tang et

Rymer, 1981 ; Colebatch et al., 1986 ; Gowland et al., 1992 ; Thomas et al., 1998 ; Canning et al., 2000 ; Newham et Hsiao, 2001). L'observation de l'augmentation de la cocontraction des fléchisseurs au pic de recrutement extenseur agoniste a également été suggérée en ce qui concerne la cocontraction des extenseurs, bien que la différence entre les périodes ne fût pas significative. Cela conforte l'idée que la cocontraction spastique est essentiellement un phénomène descendant, une mauvaise distribution de la commande supramédullaire descendante qui augmente avec la commande sur l'agoniste (Gracies et al., 1997 ; Gracies, 2005).

Effets de la TB

Le deuxième objectif de ce travail a été d'observer les effets de l'injection de TB dans les fléchisseurs du coude sur l'activation agoniste et antagoniste des muscles fléchisseurs et extenseurs. Après injection de TB, les muscles fléchisseurs semblent relativement plus recrutés au cours de l'ensemble des 5 secondes de l'effort (T), par rapport aux 500 ms autour du pic de recrutement (T0). Cela pourrait signifier que le recrutement maximal (T0) a été plus touché que le recrutement sous-maximal par la TB dans le muscle injecté. Le fait que la période de recrutement musculaire maximale (T0) implique les unités motrices de plus grande taille (Henneman et al., 1965) peut conduire à l'hypothèse que la TB bloquerait préférentiellement les unités de grande taille (Gracies et al., 2009), ce qui serait cohérent avec des observations antérieures d'une augmentation du ratio F/Max après injection (Hamjian et Walker, 1994) et de son action préférentielle sur les fibres rapides (Duchen, 1970).

L'absence de changement dans le recrutement des extenseurs en tant qu'agonistes suggère que si elle a existé, la propagation physique de la TB dans le compartiment des extenseurs serait négligeable. Cependant, la cocontraction des extenseurs diminue après l'injection des fléchisseurs. En l'absence d'une pénétration significative de la toxine dans le compartiment des extenseurs, cette observation suggère un impact neurophysiologique de la toxine injectée dans les muscles fléchisseurs. Trois hypothèses peuvent être proposées. La *première hypothèse* suppose que les fuseaux neuromusculaires continuent de fonctionner, au moins partiellement, après l'injection de TB. Cela soulève un débat controversé, compte tenu de certaines études chez l'animal (Manni et al., 1989 ; Filippi et al., 1993 ; Rosales et al., 1996) et d'arguments supplémentaires chez l'homme (Trompetto et al., 2006, 2008) que la molécule de 750Kd de TB pénètrerait la capsule qui entoure les fibres intrafusales. Toutefois, en l'absence d'études de microneurographie directes du comportement des fibres Ia après l'injection de BoNT, nous pouvons supposer que certains fuseaux neuromusculaires pourraient encore fonctionner après l'injection de TB.Si tel est le cas, un muscle dénervé par l'injection de TB aurait tendance à se raccourcir moins lors de son activation, à cause du bloc neuromusculaire extrafusal, ce qui pourrait alors renforcer l'activation induite du message Ia afférent et donc augmenter l'inhibition réciproque exercée sur l'antagoniste non injecté (dans ce cas, l'extenseur). Ce renforcement de l'inhibition réciproque dirigée vers les extenseurs pourrait avoir tendance à réduire leur cocontraction. La *seconde hypothèse* est qu'une partie de la chaîne légère de la TB pourrait être transportée d'une manière antidromique et aller bloquer l'interneurone collatérale de Renshaw (Tyler, 1963 ; Hagenah et al., 1977) mais qui est également controversé (Poulain, 1994). Si tel était le cas, un bloc dans l'inhibition de Renshaw affectant le motoneurone injecté facilitera l'inhibition réciproque dirigée vers l'antagoniste non injecté (Hultborn et al., 1971b), ce qui permettra une diminution de la cocontraction de l'antagoniste non injecté (Gracies et al., 2001 ; 2009).

Une *troisième hypothèse* après l'injection de TB sur les fléchisseurs, pourrait impliquer une augmentation de la commande descendante centrale sur le pool motoneuronal des fléchisseurs, qui augmenterait en parallèle l'activation des interneurones Ia provenant des fléchisseurs et donc inhiberait les extenseurs (Day et al., 1983 ; Rothwell et al.,1984). Aucune mesure dans cette étude n'indique une augmentation de la commande descendante centrale maximale en termes absolus, tous les efforts étant isométriques maximaux. Cette étude montre par contre que l'injection de TB augmente le recrutement musculaire relatif au cours des 5 secondes de l'effort par rapport au recrutement maximal des 500 ms autour du pic. Cependant comme on le voit sur la Figure 51, la fatigue s'installe vite sur l'effort de 5 secondes dans les fléchisseurs avec une perte moyenne dans l'IRA des fléchisseurs de 17% à partir des premières (T1) aux dernières (T2) 2,5 secondes de l'effort.

Si nous supposons que la fatigue périphérique augmente à la suite de l'injection de TB, la commande maximale centrale pourrait être augmentée dans la tentative de compenser une fatigue périphérique accrue. Cette augmentation dans la commande centrale pourrait alors faciliter les interneurones Ia connectés aux pools motoneuronaux de l'antagoniste (Day et al., 1983 ; Rothwell et al.,1984). Cependant, le décrement global du recrutement de l'agoniste au cours des 5 secondes ne semble pas varier après l'injection (voir les résultats après le traitement avec TB). L'injection de TB augmente l'indice de cocontraction des fléchisseurs, un résultat qui n'est pas paradoxal. L'indice de cocontraction est le rapport entre l'activité des muscles fléchisseurs quand ils agissent comme antagonistes et de leur activité quand ils agissent comme agonistes lors d'un effort maximal. Une action préférentielle de la TB sur les grandes unités motrices - une hypothèse qui a été proposée ci-dessus à propos des indices de recrutement agoniste, pourrait expliquer ce résultat. Il y aurait un plus grand bloc sur les efforts qui recrutent la plupart des unités de motrices de grande taille, en l'occurrence ici pour les efforts agonistes maximaux. Fonctionnellement, il convient de noter que même s'il est intéressant sur le plan physiologique, l'indice de cocontraction n'est pas le facteur déterminant, car ce qui importe le plus pour le sujet atteint d'une parésie spastique, c'est l'amplitude absolue des cocontractions, et ce paramètre est évidemment réduit après l'injection de TB (Gracies et al., 2009).

1.6 Conclusion

La mise en étirement d'un muscle parétique facilite à la fois le recrutement descendant agoniste et antagoniste de ce muscle. Nous proposons également que la TB bloque relativement plus les jonctions neuromusculaires sur les grandes unités motrices, ce qui pourrait expliquer un bloc supérieur de l'activation agoniste maximale plutôt que de la cocontraction dans le muscle injecté. Et enfin, la réduction de la cocontraction dans l'antagoniste non injecté pourrait provenir d'une augmentation de l'inhibition réciproque depuis un agoniste plus détendu et donc plus étiré, ou de la réduction de l'inhibition récurrente de l'agoniste injecté induite par la BoNT. La vérification de ces hypothèses requiert des évaluations spécifiques de certains réflexes médullaires, voire des enregistrements unitaires en microneurographie chez le sujet parétique, avant et après injection de toxine botulique.

CHAPITRE V - Synthèse et perspectives

Au cours de ce travail, nous avons souhaité élargir la compréhension du phénomène de cocontraction spastique au sein de la parésie spastique, en analysant premièrement la réactivité des cocontractions en conditions isométriques, face à des changements de la commande centrale (différents niveaux d'effort volontaire) et de conditions périphériques (muscle relâché ou tendu), en mesurant l'impact de ces changements sur la perception de l'effort du sujet ; et deuxièmement en cherchant à progresser dans la caractérisation biomécanique de la cocontraction à la cheville lors de la phase d'oscillation de la marche. Enfin, nous avons mesuré les effets de la toxine botulique. Parmi les nombreuses méthodes EMG de calcul de la cocontraction, nous avons choisi celle prenant en compte le quotient de l'EMG antagoniste divisé par l'EMG du même muscle lors de sa contraction agoniste maximale.

Le travail a débuté par des rappels sur les modèles d'anatomo-physiologie et de biomécanique de la contraction musculaire et des méthodes dynamométriques, électromyographiques, et cinématiques de quantification de la force musculaire. Une revue de littérature sur l'état de la question sur le thème de la cocontraction a ensuite permis de souligner le caractère impératif de la mise en place d'études quantifiées de ce symptome qui, longtemps sous-estimé, reste mal connu quant à ses spécificités physiologiques et biomécaniques, surtout en conditions dynamiques. Les travaux personnels ont été présentés en trois parties.

La première partie a permis de mettre en évidence la sensibilité anormale des cocontractions antagonistes des fléchisseurs plantaires (rétractés chez le sujet parétique) à leur propre mise en étirement, dont l'augmentation peut générer une diminution voire une inversion du couple agoniste désiré. Ces cocontractions spastiques augmentent la perception de l'effort, participant donc probablement à la sensation de fatigue du sujet hémiparétique, ce qui représente une incitation supplémentaire pour les cliniciens à évaluer et à traiter ce phénomène. La généralisation de programmes d'étirement agressifs, voire dans certains cas de modifications chirurgicales de la longueur muscle-tendon, pour améliorer la fonction active agoniste pourrait découler de ces résultats.

La deuxième partie couplant la cinématique et l'EMG lors de la phase d'oscillation de la marche a permis de quantifier une exacerbation du niveau de cocontraction antagoniste des fléchisseurs plantaires de la cheville hémiparétique, corrélée au déficit de flexion dorsale active. La part de sujets inclus dans l'étude ne présentant pas de spasticité des fléchisseurs plantaires (à cause d'une neurotomie tibiale préalable), contribue à établir le caractère non réflexe de la cocontraction antagoniste, cause majeure d'opposition au couple de flexion dorsale de cheville au cours de la phase d'oscillation de la marche.

La troisième partie, mesurant la cocontraction antagoniste avant et après l'injection de toxine botulique, a permis de mettre en évidence l'effet de la toxine sur la cocontraction des muscles antagonistes du muscle injecté. Outre la validation de l'effet thérapeutique bénéfique de la toxine sur la diminution du degré de cocontraction antagoniste du muscle non injecté, deux hypothèses neurophysiologiques sur l'origine de cette diminution ont été suggérées : une augmentation de l'inhibition réciproque depuis un agoniste relâché ou plus étiré (par l'injection de toxine) et la diminution de l'inhibition récurrente provenant de l'agoniste injecté.

Sur le plan méthodologique, la mesure objective de la cocontraction via l'indice électromyographique de cocontraction (ICC) développé et utilisé au sein de ce travail, se révèle un instrument valide pour une mesure simple de la coordination agoniste-antagoniste des muscles pendant les mouvements volontaires ainsi que pour le suivi des améliorations thérapeutiques dans la parésie spastique. Ceci pourrait être un instrument de mesure facilement adoptable surtout en pratique clinique courante.

Cependant la sensibilité de cet indice de cocontraction aux changements apportés au niveau du dénominateur (EMG agoniste issue d'une contraction maximale), nécessite une vigilance particulière dans les cas où les muscles testés sont particulièrement parétiques ou affaiblis par des injections de toxine botulique. Cet indice reste à être comparé à d'autres existants dans la littérature ainsi qu'à de nouveaux moyens de mesure. De plus l'utilisation de l'EMG volontaire, comme seul moyen de quantification, sans autre fenêtre sur l'activité des circuits neuronaux, permet seulement des extrapolations sur la présence ou l'absence de l'activité de tel ou tel circuit médullaire. Les interprétations suggérées au sein de ce travail en termes de changements d'activité dans des circuits médullaires spécifiques nécessiteront donc des études plus spécifiques chez des patients parétiques, sur les réflexes médullaires éventuellement impliqués dans la coactivation antagoniste, comme par exemple les modifications des différentes formes d'inhibition réciproque.

LISTE DES TABLES

LISTE DES FIGURES

REFERENCES

Aagaard P, Simonsen EB, Andersen Jl, Magnusson SP, Bojsen-Moller F, Dyhre-Poulsen P. Antagonist muscle coactivation during isokinetic knee extension. Scand J Med Sci Sports 2000;10:58-67.

Abbruzzese G, Morena M, Spadavecchia L, Schieppati M. Response of arm flexor muscles to magnetic and electrical brain stimulation during shortening and lengthening tasks in man. J Physiol 1994;481:499-507.

Achache V, Mazevet D, Iglesias C, Lackmy A, Nielsen JB, Katz R, et al. Enhanced spinal excitation from ankle flexors to knee extensors during walking in stroke patients. Clin Neurophysiol 2010;121:930-8.

Ada L, Vattanasilp W, O'Dwyer NJ, Crosbie J. Does spasticity contribute to walking dysfunction after stroke? J Neurol Neurosurg Psychiatry 1998;64:628-35.

Ada L, Goddard E, McCully J, Stavrinos T, Bampton J. Thirty minutes of positioning reduces the development of shoulder external rotation contracture after stroke: a randomized controlled trial. Arch Phys Med Rehabil 2005;86:230-4.

Adams RW, Gandevia SC, Skuse NF. The distribution of muscle weakness in upper motoneuron lesions affecting the lower limb. Brain 1990;113:1459-1479.

Adrian ED, Bronk DW. The discharge of impulses in motor nerves. Part II. The frequency of discharge in reflex and voluntary contractions. J. Physiol 1929;67,119-151.

AFSSAPS. [cited 2010 July 7] Available from:
http://www.afssaps.fr/var/afssaps_site/storage/original/application/a79f07eee915181bc9ae4e506140cecb.pdf.

Allen GM, Gandevia SC, McKenzie DK. Reliability of measurements of muscle strength and voluntary activation using twitch interpolation. Muscle Nerve 1995;18:593-600.

Andriacchi TP, Ogle JA, Galante JO. Walking speed as a basis for normal and abnormal gait measurements. J Biomech 1977;10:261-8.

Akazawa K, Aldridge JW, Steeves JD, Stein RB. Modulation of stretch reflexes during locomotion in the mesencephalic cat. J Physiol (Lond) 1982;329:553 567.

Arene N, Hidler J. Understanding motor impairment in the paretic lower limb after a stroke: a review of the literature. Top Stroke Rehabil 2009;16:346-356.

Arsenault AB, Winter DA, Marteniuk RG, Hayes KC. How many strides are required for the analysis of electromyographic data in gait? Scand J Rehabil Med 1986;18:133-5.

Ashby P, Verrier M, Lightfoot E. Segmental reflex pathways in spinal shock and spinal spasticity in man. J Neurol Neurosurg Psychiatry 1974;37:1352-60.

Ashworth B. Preliminary trial of carisoprodol in multiple sclerosis. Practitioner 1964;192:540-2.

Averbeck BB, Crowe DA, Chafee MV, Georgopoulos AP. Neural activity in prefrontal cortex during copying geometrical shapes. II. Decoding shape segments from neural ensembles. Exp Brain Res 2003;150:142-53.

Baratta R, Solomonow M, Zhou BH, Letson D, Chuinard R, D'Ambrosia R. Muscular coactivation. The role of the antagonist musculature in maintaining knee stability. Am J Sports Med 1988;16:113-22.

Barnett CH, Harding D. The activity of antagonist muscles during voluntary movement. Ann Phys Med 1955;2:290-3.

Basmajian JV. Motor learning and control: a working hypothesis. Arch Phys Med Rehabil 1977;58:38-41.

Basmajian JV, Blumenstein R. Electrode placement in EMG biofeedback. Baltimore: Williams & Wilkins, 1980.

Beaunis H. Recherches physiologiques sur la contraction simultanee des muscles antagonistes. Arch. Physiol. Norm. Pathol. Ser, 1889.

Belda-Lois JM, Mena-del Horno S, Bermejo-Bosch I, Moreno JC, Pons JL, Farina D, Iosa M, Molinari M, Tamburella F, Ramos A, Caria A, Solis-Escalante T, Brunner C, Rea M. Rehabilitation of gait after stroke: a review towards a top-down approach. J Neuroeng Rehabil 2011;8:66.

Benecke R, Conrad B, Meinck HM, Höhne J. Electromyographic analysis of bicycling on an ergometer for evaluation of spasticity of lower limbs in man. Adv Neurol 1983;39:1035-46.

Benedetti MG, Catani F, Leardini A, Pignotti E, Giannini S. Data management in gait analysis for clinical applications. Clin Biomech 1998;13:204-215.

Bensmail D, Vermersch P. Epidemiology and clinical assessment of spasticity in multiple sclerosis. Rev Neurol (Paris) 2012;168:S45-50.

Berger W, Quintern J, Dietz V. Pathophysiology of gait in children with cerebral palsy. Electroencephalogr Clin Neurophysiol 1982;53:538-48.

Berger W, Horstmann G, Dietz V. Tension development and muscle activation in the leg during gait in spastic hemiparesis: independence of muscle hypertonia and exaggerated stretch reflexes. J Neurol Neurosurg Psychiatry 1984;47:1029-33.

Berger W. Characteristics of locomotor control in children with cerebral palsy. Neuroscience & Biobehavioral Reviews, 1998;4:579-582.

Bigland B, Lippold OCJ. The relation between force, velocity and integrated electrical activity in human muscles. J. Physiol 1954;123:214-224.

Bigland-Ritchie BR, Furbush FH, Gandevia SC, Thomas CK. Voluntary discharge frequencies of human motoneurons at different muscle lengths. Muscle Nerve 1992;15:130-7.

Blanc Y, Dimanico U. Electrode Placement in Surface Electromyography (sEMG)"Minimal Crosstalk Area"(MCA). Open Rehabilitation Journal, 2010;3:110-126.

Bloom W, Facett DW. A textbook of histology (9ᵉ ed.). 1968 Saunders, Philadelphie.

Bobath K, Bobath B. Spastic paralysis treatment of by the use of reflex inhibition. Br J Phys Med 1950;13:121-7.

Bobath B. The very early treatment of cerebral palsy. Dev Med Child Neurol 1967;9:373-90.

Bobath B. Treatment of adult hemiplegia. Physiotherapy 1977;63:310-313.

Bohannon RW. Gait performance of hemiparetic stroke patients. Arch Phys Med Rehabil 1987;68:777-78.

Booth FW, Seider MJ. Early change in skeletal muscle protein synthesis after limb immobilization of rats. J Appl Physiol 1979;47:974-7.

Bouisset S. EMG and Muscle Force in Normal Motor Activites. New Developments in Electromyography and clinical Neurophysiology, edited by J.E. Desmedt, 1973;1:547-583.

Bouisset S, Maton B. Muscles, posture et mouvement. Bases et applications de la méthode électromyographique. Hermann, Editeurs des sciences et des arts, 1995.

Bouisset S, Lestienne F. The organisation of a simple voluntary movement as analysed from its kinematic properties. Brain Res 1974;71:451-7.

Bourbonnais D, Vanden Noven S. Weakness in patients with hemiparesis. Am J Occup Ther 1989;43:313-9.

Bourbonnais D, Vanden Noven S, Carey KM, Rymer WZ. Abnormal spatial patterns of elbow muscle activation in hemiparetic human subjects. Brain 1989;112:85-102.

Bottos M, Benedetti MG, Salucci P, Gasparroni V, Giannini S. Botulinum toxin with and without casting in ambulant children with spastic diplegia: a clinical and functional assessment. Dev Med Child Neurol 2003;45:758-62.

Brandstater ME, deBmin H, Gowland C, Clark BM. Hemiplegic gait: analysis of temporal variables. Arch Phys Med Rehabil 1983;64:583-587.

Brooke MH, Kaiser KK. Muscle fiber types: how many and what kind? Arch. Neurol 1970;23:369-379.

Buchanan TS. Evidence that maximum muscle stress is not a constant: differences in specific tension in elbow flexors and extensors. Med Eng Phys 1995;17:529-36.

Buchthal F, Clemmesen S. Action potentials in pathological postural reflex activity (spasticity and rigidity). Acta Psychiatr Neurol 1946;21:151-75.

Buckon CE, Thomas SS, Harris GE, Piatt JH Jr, Aiona MD, Sussman MD. Objective measurement of muscle strength in children with spastic diplegia after selective dorsal rhizotomy. Arch Phys Med Rehabil 2002;83:454-60.

Buffenoir K, Rigoard P, Lefaucheur JP, Filipetti P, Decq P. Lidocaine hyperselective motor blocks of the triceps surae nerves: role of the soleus versus gastrocnemius on triceps spasticity and predictive value of the soleus motor block on the result of selective tibial neurotomy. Am J Phys Med Rehabil 2008;87:292-304.

Burbaud, P, Wiart, L, Dubos, JL, Gaujard, E, Debelleix, X, Joseph, PA, Mazaux, JM, Bioulac, B, Barat, M and Lagueny, A. A randomized, double blind, placebo controlled trial of botulinum toxin in the treatment of spastic foot in hemiparetic patients. J. Neurol. Neurosurg. Psychiatry 1996; 61:265-269.

Burke D, Gillies JD, Lance JW. The quadriceps stretch reflex in human spasticity. J Neurol Neurosurg Psychiatry 1970;33:216-23.

Burke D, Ashby P. Are spinal "presynaptic" inhibitory mechanisms suppressed in spasticity? J Neurol Sci 1972;15:321-6.

Burke D. The activity of human muscle spindle endings in normal motor behavior. Int Rev Physiol 1981;25:91-126.

Burke D, Gandevia SC, Macefield G. Responses to passive movement of receptors in joint, skin and muscle of the human hand. J Physiol 1988;402:347-61.

Burke RE, Levine DN, Salcman M, Tsairis P. Motor units in cat soleus muscle: physiological, histochemical and morphological characteristics. J Physiol 1974;238503-14.

Burridge JH, Wood DE, Taylor PN, McLellan DL. Indices to describe different muscle activation patterns, identified during treadmill walking, in people with spastic drop-foot. Med Eng Phys 2001;23:427-34.

Busse ME, Wiles CM, van Deursen RWM. Muscle co-activation in neurological conditions. Physical Therapy Reviews 2005;10:247-253.

Bussel B, Katz R, Pierrot-Deseilligny E, Bergego C, Hayat A. Vestibular and proprioceptive influences on the postural reactions to a sudden body displacement in man. In: J.E. Desmedt (ed.) Progress in Clinical Neurophysiology 1980;8:310-322.

Bütefisch C, Hummelsheim H, Denzler P, Mauritz KH. Repetitive training of isolated movements improves the outcome of motor rehabilitation of the centrally paretic hand. J Neurol Sci 1995;130:59-68.

Bütefisch CM, Davis BC, Wise SP, Sawaki L, Kopylev L, Classen J, Cohen LG. Mechanisms of use-dependent plasticity in the human motor cortex. Proc Natl Acad Sci USA 2000;97:3661-3665.

Buxbaum LJ, Sirigu A, Schwartz MF, Klatzky R. Cognitive representations of hand posture in ideomotor apraxia. Neuropsychologia 2003;41:1091-1113.

Cafarelli E, Bigland-Ritchie B. Sensation of static force in muscles of different length. Exp Neurol 1979;65:511-25.

Cain WS, Stevens JC. Effort in sustained and phasic handgrip contractions. Am J Psychol 1971;84:52-65.

Canning CG, Ada L, O'Dwyer NJ. Abnormal muscle activation characteristics associated with loss of dexterity after stroke. J Neurol Sci 2000;176:45-56.

Capaday C, Stein RB. Amplitude modulation of the soleus H-reflex in the human during walking and standing. J Neurosci 1986;6:1308-13.

Carlsöö S, Nordstrand A. The coordination of the knee-muscles in some voluntary movements and in the gait in cases with and without knee joint injuries. Acta Chir Scand 1968;134:423-6.

Carolan B, Cafarelli E. Adaptations in coactivation after isometric resistance training. J Appl Physiol 1992;73:911-7.

Chae J, Yang G, Park BK, Labatia I. Muscle weakness and cocontraction in upper limb hemiparesis: relationship to motor impairment and physical disability. Neurorehabil Neural Repair 2002;16:241-8.

Chang YW, Su FC, Wu HW, An KN. Optimum length of muscle contraction. Clin Biomech 1999;14:537-42.

Christova P, Kossev A, Radicheva N. Discharge rate of selected motor units in human biceps brachii at different muscle lengths. J Electromyogr Kinesiol 1998;8:287-94.

Clamann HP, Broecker KT. Relation between force and fatigability of red and pale skeletal muscles in man. Am J Phys Med 1979;58:70-85.

Cobb S, Wolff HG. Muscle Tonus. Arch Neur Psych 1932;28:661-678.

Cody FW, Richardson HC, MacDermott N, Ferguson IT. Stretch and vibration reflexes of wrist flexor muscles in spasticity. Brain 1987;110:433-450.

Colebatch JG, Gandevia SC, Spira PJ. Voluntary muscle strength in hemiparesis: distribution of weakness at the elbow. J Neurol Neurosurg Psychiatry 1986;49:1019-24.

Colebatch JG, Gandevia SC. The distribution of muscular weakness in upper motor neuron lesions affecting the arm. Brain 1989;112:749-63.

Conrad B, Benecke R, Carnehl J, Höhne J, Meinck HM. Pathophysiological aspects of human locomotion. Adv Neurol 1983;39:717-26.

Corcos DM, Gottlieb GL, Penn RD, Myklebust B, Agarwal GC. Movement deficits caused by hyperexcitable stretch reflexes in spastic humans. Brain 1986;109:1043-58.

Corry IS, Cosgrove AP, Walsh EG, McClean D, Graham HK. Botulinum toxin A in the hemiplegic upper limb: A double-blind trial. Dev Med Child Neurol 1997;39:185-193.

Corry IS, Cosgrove AP, Duffy CM, McNeill S, Taylor TC, Graham HK. Botulinum toxin A compared with stretching casts in the treatment of spastic equinus: a randomised prospective trial. J Pediatr Orthop 1998;18:304-11.

Cosgrove AP, Graham HK. Botulinum toxin A prevents the development of contractures in the hereditary spastic mouse. Dev Med Child Neurol 1994;36:379-85.

Cotman CW, Nadler JV. Reactive synaptogenesis in the hippocampus. In: Neuronal plasticity (Cotman CW, Ed), New York: Raven press 1978, pp. 227-271.

Crenna P, Frigo C. Excitability of the soleus H-reflex arc during walking and stepping in man. Exp Brain Res 1987;66:49-60.

Crenna P. Spasticity and 'spastic' gait in children with cerebral palsy. Neurosci Biobehav Rev 1998;22:571-8.

Cresswell AG, Löscher WN, Thorstensson A. Influence of gastrocnemius muscle length on triceps surae torque development and electromyographic activity in man. Exp Brain Res 1995;105:283-90.

Crone C, Hultborn H, Kiehn O, Mazieres L, Wigström H. Maintained changes in motoneuronal excitability by short-lasting synaptic inputs in the decerebrate cat. J Physiol 1988;405:321-43.

Crone C, Johnsen LL, Biering-Sørensen F, Nielsen JB. Appearance of reciprocal facilitation of ankle extensors from ankle flexors in patients with stroke or spinal cord injury. Brain 2003;126:495-507.

Crone C, Petersen NT, Gimenéz-Roldán S, Lungholt B, Nyborg K, Nielsen JB. Reduced reciprocal inhibition is seen only in spastic limbs in patients with neurolathyrism. Exp Brain Res 2007;181:193-7.

Dalleau G, Allard P. Traité de Biomécanique. Mécanique articulaire et tissulaire. Presses Universitaires de France 2009.

Damiano DL. Reviewing muscle cocontraction: is it a developmental pathological or motor control issue. Phys Occup Ther Pediatr 1993;12:3-20.

Damiano DL, Martellotta TL, Sullivan DJ, Granata KP, Abel MF. Muscle force production and functional performance in spastic cerebral palsy: relationship of cocontraction. Arch Phys Med Rehabil 2000;81:895-900.

Darainy M, Ostry DJ. Muscle cocontraction following dynamics learning. ExpBrain Res 2008;190:153-63.

Das TK, Park DM. Effet of tretament with botulinum toxin on spasticity. Postgrad med J 1989;65:208-210.

Davies JM, Mayston MJ, Newham DJ. Electrical and mechanical output of the knee muscles during isometric and isokinetic activity in stroke and healthy adults. Disabil Rehabil 1996;18:83-90.

Davis RB III, Ounpuu S, Tyburski D, Gage JR. A gait data collection and reduction technique. Human Movement Sciences 1991;10:575-587.

Day BL, Rothwell JC, Marsden CD. Transmission in the spinal reciprocal Ia inhibitory pathway preceding willed movements of the human wrist. Neurosci Lett 1983;37:245-50.

De Luca, CJ. The use of surface electromyography in biomechanics. Journal of Appl Biomechanics 1997;13:135-163.

Denny-Brown DE, Sherrington CS. Subliminal fringe in spinal flexion. J Physiol 1928;66:175-80.

Denny-Brown D. The cerebral control of movement, Liverpool University Press, Liverpool 1966; pp. 124-143, 171-184.

Den Otter AR, Geurts AC, Mulder T, Duysens J. Abnormalities in the temporal patterning of lower extremity muscle activity in hemiparetic gait. Gait Posture 2007;25:342-52.

Detrembleur C, Lejeune TM, Renders A, Van Den Bergh PY. Botulinum toxin and short-term electrical stimulation in the treatment of equinus in cerebral palsy. Mov Disord 2002;17:162-9.

Dewald JP, Pope PS, Given JD, Buchanan TS, Rymer WZ. Abnormal muscle coactivation patterns during isometric torque generation at the elbow and shoulder in hemiparetic subjects. Brain 1995;118:495-510.

Dewald JP, Beer RF. Abnormal joint torque patterns in the paretic upper limb of subjects with hemiparesis. Muscle Nerve 2001;24:273-83.

Dietz V, Schmidtbleicher D, Noth J. Neuronal mechanisms of human locomotion. J Neurophysiol 1979;42:1212-22.

Dietz V, Quintern J, Berger W. Electrophysiological studies of gait in spasticity and rigidity. Evidence that altered mechanical properties of muscle contributes to hypertonia. Brain 1981;104:431-49.

Dietz V, Berger W. Normal and impaired regulation of muscle stiffness in gait. A new hypothesis about muscle hypertonia. Exp Neurol 1983;79:680-7.

Dietz V, Ketelsen UP, Berger W, Quintern J. Motor unit involvement in spastic paresis. Relationship between leg muscle activation and histochemistry. J Neurol Sci 1986;75:89-103.

Dietz V, Trippel M, Berger W. Reflex activity and muscle tone during elbow movements in patients with spastic paresis. Ann Neurol 1991;30:767-79.

Dimitrijević MR, Nathan PW. Studies of spasticity in man. I. Some features of spasticity. Brain 1967;90:1-30.

Draganich LF, Jaeger RJ, Kralj AR. Coactivation of the hamstrings and quadriceps during extension of the knee. J Bone Joint Surg Am 1989;71:1075-81.

Dubo HI, Peat M, Winter DA, Quanbury AO, Hobson DA, Steinke T, Reimer G. Electromyographic temporal analysis of gait: normal human locomotion. Arch Phys Med Rehabil 1976;57:415-20.

Duchen LW. Changes in motor innervation and cholinesterase localization induced by botulinum toxin in skeletal muscle of the mouse: differences between fast and slow muscles. J Neurol Neurosurg Psychiatry 1970;33:40-54.

Duchêne J, Goubel F. Surface electromyogram during voluntary contraction: processing tools and relation to physiological events. Critical reviews in biomedical engineering 1993;21:313-397.

Duchenne. The Pathology of Paralysis with Muscular Degeneration (Paralysie Myosclerotique), or Paralysis with Apparent Hypertrophy. Br Med J 1867;2:541-2.

Duysens J, Tax AA, van der Doelen B, Trippel M, Dietz V. Selective activation of human soleus or gastrocnemius in reflex responses during walking and running. Exp Brain Res 1991;87:193-204.

Dyer J, Maupas E, Melo Sde A, Bourbonnais D, Forget R. Abnormal co-activation of knee and ankle extensors is related to changes in heteronymous spinal pathways after stroke. J Neuroeng Rehabil 2011;8:41.

Eames NW, Baker R, Hill N, Graham K, Taylor T, Cosgrove A. The effect of botulinum toxin A on gastrocnemius length: magnitude and duration of response. Dev Med Child Neurol 1999;41:226-32.

Eccles JC, Fatt P, Koketsu K. Cholinergic and inhibitory synapses in a pathway from motor-axon collaterals to motoneurones. J Physiol 1954;126:524-62.

Eccles JC, Eccles RM, Lundberg A. Synaptic actions on motoneurones caused by impulses in Golgi tendon organ afferents. J Physiol 1957;138:227-52.

Eccles RM, Lundberg A. Integrative pattern of Ia synaptic actions on motoneurones of hip and knee muscles. J Physiol 1958;144:271-98.

Eccles JC, Eccles RM, Magni F. Central inhibitory action attributable to presynaptic depolarization produced by muscle afferent volleys. J Physiol (Paris) 1961;159:147-166.

Eccles JC, Schmidt RF, Willis WD. Presynaptic inhibition of the spinal monosynaptic reflex pathway. J Physiol 1962;161:282-97.

Edström L. Selective changes in the sizes of red and white muscle fibres in upper motor lesions and Parkinsonism. J Neurol Sci 1970;11:537-50.

Edström L, Grimby L, Hannerz J. Correlation between recruitment order of motor units and muscle atrophy pattern in upper motoneurone lesion: significance of spasticity. Experientia 1973;29:560-1.

Eisler H. Subjective scale of force for a large muscle group. J Exp Psychol 1962;64:253-7.

El-Abd MA, Ibrahim IK, Dietz V. Impaired activation pattern in antagonistic elbow muscles of patients with spastic hemiparesis: contribution to movement disorder. Electromyogr Clin Neurophysiol 1993;33:247-55.

Engel WK. The essentiality of histo- and cytochemical studies of skeletal muscle in the investigation of neuromuscular disease. 1962. Neurology 1998;51:655-672.

Enoka RM. Neural adaptations with chronic physical activity. J Biomech 1997;30:447-55.

Falconer K, Winter DA. Quantitative assessment of cocontraction at the ankle joint in walking. Electromyogr Clin Neurophysiol 1985;25:135-49.

Farmer SF, Harrison LM, Ingram DA, Stephens JA. Plasticity of central motor pathways in children with hemiplegic cerebral palsy. Neurology 1991;41:1505-10.

Feldman AG. Superposition of motor programs--I. Rhythmic forearm movements in man. Neuroscience 1980a;5:81-90.

Feldman AG. Superposition of motor programs--II. Rapid forearm flexion in man. Neuroscience 1980b;5:91-5.

Fellows SJ, Kaus C, Ross HF, Thilmann AF. Agonist and antagonist EMG activation during isometric torque development at the elbow in spastic hemiparesis. Electroencephalogr Clin Neurophysiol 1994a;93:106-12.

Fellows SJ, Kaus C, Thilmann AF. Voluntary movement at the elbow in spastic hemiparesis. Ann Neurol 1994b;36:397-407.

Filippi GM, Errico P, Santarelli R, Bagolini B, Manni E. Botulinum A toxin effects on rat jaw muscle spindles. Acta Otolaryngol 1993;113:400-4.

Filiatrault J, Bourbonnais D, Gauthier J, Gravel D, Arsenault AB. Directional patterns of muscle activation at the lower limb in subjects with hemiparesis and in healthy subjects: A comparative study. J Electromyogr Kinesiol 1992;2:91-102.

Frank K, Fuortes MGF. Presynaptic and postsynaptic inhibition of monosynaptic reflexes. Fed Proc 1957;16:39-40.

Frigo C, Crenna P. Multichannel SEMG in clinical gait analysis: a review and state-of-the-art. Clin Biomech 2009;24:236-45.

Frost G, Dowling J, Dyson K, Bar-Or O. Cocontraction in three age groups of children during treadmill locomotion. J Electromyogr Kinesiol 1997;7:179-86.

Fugl-Meyer AR, Sjöström M, Wählby L. Human plantar flexion strength and structure. Acta Physiol Scand 1979;107:47-56.

Fugl-Meyer AR, Gustafsson L, Burstedt Y. Isokinetic and static plantar flexion characteristics. Eur J Appl Physiol Occup Physiol 1980;45:221-34.

Fung J, Barbeau H. A dynamic EMG profile index to quantify muscular activation disorder in spastic paretic gait. Electroencephalogr Clin Neurophysiol 1989;73:233-44.

Funk DA, An KN, Morrey BF, Daube JR. Electromyographic analysis of muscles across the elbow joint. J Orthop Res 1987;5:529-38.

Gandevia SC, McCloskey DI. Effects of related sensory inputs on motor performances in man studied through changes in perceived heaviness J Physiol 1977a;272:653-72.

Gandevia SC, McCloskey DI. Sensations of heaviness. Brain 1977b;100:345-54.

Gandevia SC, McKenzie DK. Activation of human muscles at short muscle lengths during maximal static efforts. J Physiol 1988;407:599-613.

Gatev V. Role of inhibition in the development of motor co-ordination in early childhood. Dev Med Child Neurol 1972;14:336-41.

Gemperline JJ, Allen S, Walk D, Rymer WZ. Characteristics of motor unit discharge in subjects with hemiparesis. Muscle Nerve 1995;18:1101-14.

Gioux M, Petit J. Effects of immobilizing the cat peroneus longus muscle on the activity of its own spindles. J Appl Physiol 1993;75:2629-35.

Godfrey S, Butler JE, Griffin L, Thomas CK. Differential fatigue of paralyzed thenar muscles by stimuli of different intensities. Muscle Nerve 2002;26:122-31.

Goldman-Rakic PS, Bates JF, Chafee MV. The prefrontal cortex and internally generated motor acts. Curr Opin Neurobiol 1992;2:830-835.

Gottlieb GL, Agarwal GC. Response to sudden torques about ankle in man: myotatic reflex. J Neurophysiol 1979;42:91-106.

Gowland C, DeBruin H, Basmajian JV, Plews N, Burcea I. Agonist and antagonist activity during voluntary upper-limb movement in patients with stroke. Phys Ther 1992;72:624-33.

Gracies JM, Wilson L, Gandevia S.C, Burke D. Streched position of spastic muscles aggravates their cocontraction in hemiplegic patients. Ann Neurol 1997;42:438-439.

Gracies JM, Simpson D. Neuromuscular blockers. Phys Med Rehabil Clin N Am 1999;10: 357-83.

Gracies JM, Simpson D. Therapy with Botulinum toxin. The Neurologist 2000;6:98-115.

Gracies JM, Weisz DJ, Yang BY, Flanagan S, Simpson D. Evidence for increased antagonist strength and movement speed following botulinum toxin injections in spasticity. Neurology 2001;56:A3.

Gracies JM, Nance P, Elovic E, McGuire J, Simpson D. Traditional pharmacologic treatments of spasticity – Part II Systemic Treatments. In Mayer NH, Simpson DM, eds. Spasticity: Etiology, Evaluation, Management. New York: WE MOVE 2002:65-93.

Gracies JM, Simpson DM. Focal injection therapy. Movement Disorders. Handbook of Clinical Neurophysiology, Vol. 1 M. Hallett (Ed.) 2003.

Gracies JM. Physiological effects of botulinum toxin in spasticity. Mov Dis 2004;19:S120-8.

Gracies JM. Pathophysiology of spastic paresis. I: Paresis and soft tissue changes. Muscle Nerve 2005a;31:535-51.

Gracies JM. Pathophysiology of spastic paresis. II: Emergence of muscle overactivity. Muscle Nerve 2005b;31:552-71.

Gracies JM, Lugassy M, Weisz DJ, Vecchio M, Flanagan S, Simpson DM. Botulinum Toxin Dilution and Endplate Targeting in Spasticity: A Double-Blind Controlled Study. Arch Phys Med Rehabil 2009;90:9-16

Gracies JM, Burke K, Clegg NJ, Browne R, Rushing C, Fehlings D et al. Reliability of the Tardieu scale for assessing spasticity in children with cerebral palsy. Arch Phys Med Rehab 2010;91:421-8.

Granata KP, Ikeda AJ, Abel MF. Electromechanical delay and reflex response in spastic cerebral palsy. Arch Phys Med Rehabil 2000;81:888-94.

Gribble PL, Mullin LI, Cothros N, Mattar A. Role of cocontraction in arm movement accuracy. J Neurophysiol 2003;89:2396-405.

Grimby L, Hannerz J, Rånlund T. Disturbances in the voluntary recruitment order of anterior tibial motor units in spastic paraparesis upon fatigue. J Neurol Neurosurg Psychiatry 1974;37:40-6.

Gündüz S, Kalyon TA, Dursun H, Möhür H, Bilgiç F. Peripheral nerve block with phenol to treat spasticity in spinal cord injured patients. Paraplegia 1992;30:808-11.

Hagenah R, Benecke R, Wiegand H. Effects of type A botulinum toxin on the cholinergic transmission at spinal Renshaw cells and on the inhibitory action at Ia inhibitory interneurones. Naunyn Schmiedebergs Arch Pharmacol 1977;299:267-72.

Halar EM, Stolov WC, Venkatesh B, Brozovich FV, Harley JD. Gastrocnemius muscle belly and tendon length in stroke patients and able-bodied persons. Arch Phys Med Rehabil 1978;59:476-84.

Hamjian JA, Walker FO. Serial neurophysiological studies of intramuscular botulinum-A toxin in humans. Muscle Nerve 1994;17:1385-92.

Hammond PH, Involuntary activity in biceps following the sudden application of velocity to the abducted forearm. J Physiol 1954;127:23P.

Hammond MC, Fitts SS, Kraft GH, Nutter PB, Trotter MJ, Robinson LM. Cocontraction in the hemiparetic forearm: quantitative EMG evaluation. Arch Phys Med Rehabil 1988;69:348-51.

Hanakawa T, Immisch I, Toma K, Dimyan MA, Van Gelderen P, Hallett M. Functional properties of brain areas associated with motor execution and imagery. J Neurophysiol 2003;89:989-1002.

Harrison PJ, Jankowska E. Sources of input to interneuron mediating group I non reciprocal inhibition of motor neuron in the cat. J Physiol (Lond) 1985;361:379-401.

Hatheway CL. Bacterial sources of Clostridial neurotoxins. In LL Simpson, ed. Botulinum neurotoxin and tetanus toxin. San Diego, Academic Press Inc, 1989:3-24.

Hébert LJ, De Serres SJ, Arsenault AB. Cocontraction of the elbow muscles during combined tasks of pronation-flexion and supination-flexion. Electromyogr Clin Neurophysiol 1991;31:483-8.

Helmholtz H. Treatise on physiological optics. III. The perceptions of vision. Southall, J.P.C. (Ed): Optical Society of America: New York, 1925.

Henneman E. Somjen G. Carpenter DO. Functional significance of cell size in spinal motoneurons. J Neurophysiol 1965;28:560-80.

Henneman E. The size-principle: a deterministic output emerges from a set of probabilistic connections. J Exp Biol 1985;115:105-12.

Herbert RD, Dean C, Gandevia SC. Effects of real and imagined training on voluntary muscle activation during maximal isometric contractions. Acta Physiol Scand 1998;163:361-8.

Herman R. The myotatic reflex. Clinico-physiological aspects of spasticity and contracture. Brain 1970;93:273-312.

Hesse, S, Friedrich, H, Domasch, C and Mauritz, KH. Botulinum toxin therapy for upper limb flexor spasticity: preliminary results. J. Rehab. Sci 1992;5:98-101.

Hesse S, Krajnik J, Luecke D, Jahnke MT, Gregoric M, Mauritz KH. Ankle muscle activity before and after botulinum toxin therapy for lower limb extensor spasticity in chronic hemiparetic patients. Stroke 1996;27:455-60.

Hill AV. The series elastic component of muscle. Proc R Soc Lond B Biol Sci 1950;137:273-80.

Hislop HJ, Perrine JJ. The isokinetic concept of exercise. Phys Ther 1967;47:114-7.

Hoffmann P. Über Beziehungen der Sehnenreflexe zur willkürlichen Beweging und zum Tonus. Zeitsch Biol 1918;68:351-370.

Holmes G. The symptoms of acute cerebellar injuries due to gunshot injuries. Brain 1917;40:461-535.

Houk J, Henneman E. Responses of Golgi tendon organs to active contractions of the soleus muscle of the cat. J Neurophysiol 1967;30:466-81.

Hu X, Tong K, Tsang VS, Song R. Joint-angle-dependent neuromuscular dysfunctions at the wrist in persons after stroke. Arch Phys Med Rehabil 2006;87:671-9.

Hu X, Tong KY, Song R, Tsang VS, Leung PO, Li L. Variation of muscle coactivation patterns in chronic stroke during robot-assisted elbow training. Arch Phys Med Rehabil 2007;88:1022-9.

Hultborn H, Jankowska E, Lindström S. Recurrent inhibition from motor axon collaterals of transmission in the Ia inhibitory pathway to motoneurones. J Physiol 1971a;215:591-612.

Hultborn H, Jankowska E, Lindstrom S. Recurrent inhibition of interneurones monosynaptically activated from group Ia afferents. J Physiol (Lond) 1971b;215:613-36.

Hultborn H, Pierrot-Deseilligny E. Changes in recurrent inhibition during voluntary soleus contractions in man studied by an H-reflex technique. J Physiol 1979;297:229-51.

Hultborn H, Meunier S, Morin C, Pierrot-Deseilligny E. Assessing changes in presynaptic inhibition of Ia fibres: a study in man and the cat. J Physiol (Lond) 1987;389:729-756.

Hultborn H, Illert M, Nielsen J, Paul A, Ballegaard M, Wiese H. On the mechanism of the post-activation depression of the H-reflex in human subjects. Exp Brain Res 1996;108:450-62.

Humphrey DR. Separate cell systems in the motor cortex of the monkey for the control of joint movement and of joint stiffness. Electroencephalogr Clin Neurophysiol Suppl 1982;36:393-408.

Humphrey DR, Reed DJ. Separate cortical systems for control of joint movement and joint stiffness: reciprocal activation and coactivation of antagonist muscles. Adv Neurol 1983;39:347-72.

Huskisson EC. Measurement of pain. Lancet 1974;2:1127-31.

Huxley AF. Muscle structure and theories of contraction. Prog Biophys Biophys Chem 1957;7:255-318.

Huxley HE, Hanson J. The structural basis of the contraction mechanism in striated muscle. Ann N Y Acad Sci 1959;81:403-8.

Ibrahim IK, Berger W, Trippel M, Dietz V. Stretch-induced electromyographic activity and torque in spastic elbow muscles. Differential modulation of reflex activity in passive and active motor tasks. Brain 1993;116:971-89.

Ikeda AJ, Abel MF, Granata KP, Damiano DL. Quantification of cocontraction in spastic cerebral palsy. Electromyogr Clin Neurophysiol 1998;38:497-504.

Inman VT, Ralson HJ, Saunders JB, Feinstein B, Wright EW. Relation of human electromyogram to muscular tension. Electroencephalogr. Clin. Neurophysiol 1952;4,187-194.

Jakobsson F, Edström L, Grimby L, Thornell LE. Disuse of anterior tibial muscle during locomotion and increased proportion of type II fibres in hemiplegia. J Neurol Sci 1991;105:49-56.

Jakobsson F, Grimby L, Edström L. Motoneuron activity and muscle fibre type composition in hemiparesis. Scand J Rehabil Med 1992;24:115-9.

Järvinen TA, Józsa L, Kannus P, Järvinen TL, Järvinen M. Organization and distribution of intramuscular connective tissue in normal and immobilized skeletal muscles. An immunohistochemical, polarization and scanning electron microscopic study. J Muscle Res Cell Motil 2002;23:245-54.

Johnson SH, Rotte M, Grafton ST, Hinrichs H, Gazzaniga MS, Heinze HJ. Selective activation of a parietofrontal circuit during implicitly imagined prehension. Neuroimage 2002;17:1693-1704.

Jones LA, Hunter IW. Effect of fatigue on force sensation. Exp Neurol 1983;81:640-50.

Jones LA, Hunter IW. Effect of muscle tendon vibration on the perception of force. Exp Neurol 1985;87:35-45.

Jones LA. Perception of force and weight: theory and research. Psychol Bull 1986;100:29-42.

Jozsa L, Kannus P, Järvinen TA, Balint J, Järvinen M. Number and morphology of mechanoreceptors in the myotendinous junction of paralysed human muscle. J Pathol 1996;178:195-200.

Jueptner M, Weiller C. A review of differences between basal ganglia and cerebellar control of movements as revealed by functional imaging studies. Brain 1998;121:1437-1449.

Kalaska JF, Scott SH, Cisek P, Sergio LE. Cortical control of reaching movements. Curr Opin Neurobiol 1997;7:849-59.

Kamper DG, Rymer WZ. Impairment of voluntary control of finger motion following stroke: role of inappropriate muscle coactivation. Muscle Nerve 2001;24:673-81.

Katz R, Pierrot-Deseilligny E. Recurrent inhibition of alpha-motoneurons in patients with upper motor neuron lesions. Brain 1982;105:103-24.

Katz R, Pierrot-Deseilligny E, Hultborn H. Recurrent inhibition of motoneurones prior to and during ramp and ballistic movements. Neurosci Lett 1982;31:141-5.

Keller I, Heckhausen H. Readiness potentials preceding spontaneous motor acts: voluntary vs. involuntary control. Electroencephalogr Clin Neurophysiol 1990;76:351–361.

Kellis E, Unnithan VB. Co-activation of vastus lateralis and biceps femoris muscles in pubertal children and adults. Eur J Appl Physiol Occup Physiol 1999;79:504-11.

Kellis E, Arabatzi F, Papadopoulos C. Muscle co-activation around the knee in drop jumping using the co-contraction index. J Electromyogr Kinesiol 2003;13:229-38.

Kennedy PM, Cresswell AG. The effect of muscle length on motor-unit recruitment during isometric plantar flexion in humans. Exp Brain Res 2001;137:58-64.

Knutson LM, Soderberg GL, Ballantyne BT, Clarke WR. A study of various normalization procedures for within day electromyographic data. J Electromyogr Kinesiol 1994;4:47-59.

Knutsson E. Gait control in hemiparesis. Scand J Rehabil Med 1981;13:101-8.

Knutsson E. Analysis of gait and isokinetic movements for evaluation of antispastic drugs or physical therapies. Adv Neurol 1983;39:1013-34.

Knutsson E, Mårtensson A. Dynamic motor capacity in spastic paresis and its relation to primer mover dysfunction, spastic reflexes and antagonistic coactivation. Scand J Rehab Med 1980;12:93-106.

Knutsson E, Mårtensson A, Gransberg L. Influences of muscle stretch reflexes on voluntary, velocity-controlled movements in spastic paraparesis. Brain 1997;120:1621-33.

Knutsson E, Richards C. Different types of disturbed motor control in gait of hemiparetic patients. Brain 1979;102:405-30.

Koo TK, Mak AF, Hung L, Dewald JP. Joint position dependence of weakness during maximum isometric voluntary contractions in subjects with hemiparesis. Arch Phys Med Rehabil 2003;84:1380-6.

Komi PV, Buskirk ER. Effect of eccentric and concentric muscle conditioning on tension and electrical activity of human muscle. Ergonomics 1972;15:417-34.

Kong KH, Lee J, Chua KS. Occurrence and temporal evolution of upper limb spasticity in stroke patients admitted to a rehabilitation unit. Arch Phys Med Rehabil 2012;93:143-8.

Krainak DM, Ellis MD, Bury K, Churchill S, Pavlovics E, Pearson L, Shah M, Dewald JP. Effects of body orientation on maximum voluntary arm torques. Muscle Nerve 2011;44:805-13.

Kuffler SW, Hunt CC, Quilliam JP. Function of medullated small-nerve fibers in mammalian ventral roots; efferent muscle spindle innervation. J Neurophysiol 1951;14:29-54.

Lafortune MA, Cavanagh PR, Sommer HJ, Kalenak A. Three-dimensional kinematics of the human knee during walking. J Biomech 1992;25:347-57.

Lamontagne A, Richards CL, Malouin F. Coactivation during gait as an adaptive behavior after stroke. J Electromyogr Kinesiol 2000;10:407-15.

Lamontagne A, Malouin F, Richards CL, Dumas F. Mechanisms of disturbed motor control in ankle weakness during gait after stroke. Gait Posture 2002;15:244-55.

Lance JW. Symposium synopsis. In: Miami: Symposia Specialists 1980:485-500.

Landau WM. Editorial: Spasticity: the fable of a neurological demon and the emperor's new therapy. Arch Neurol 1974;31:217-9.

Landau WM. 'Symposium synopsis' in: Feldman RG, Young RR and Koella. WP (eds) Spasticity: Disordered motor control, Year Book Medical Publishers, Chicago, 1980:pp485-494.

Landau WM. Tizanidine and spasticity. Neurology 1995;45:2295-6.

Laporte Y, Lloyd DP. Nature and significance of the reflex connections established by large afferent fibers of muscular origin. Am J Physiol 1952;169:609-21.

Latash M. Bases neurophysiologiques du mouvement. DeBoeck Université, 2002.

Latash ML, Penn RD. Changes in voluntary motor control induced by intrathecal baclofen in patients with spasticity of different etiology. Physiother Res Int 1996;1:229-46.

Lawrence JH, De Luca CJ. Myoelectric signal versus force relationship in different human muscles. J Appl Physiol 1983;54:1653-9.

Lehmann JF, Condon SM, Price R, deLateur BJ. Gait abnormalities in hemiplegia: their correction by ankle-foot orthoses. Arch Phys Med Rehabil 1987;68:763-71.

Lestienne F, Bouisset S. Temporal pattern of the activation of an agonist and antagonist as a function of the tension of the agonist. Rev Neurol (Paris) 1968;118:550-4.

Levine MG, Kabat H. Dynamics of normal voluntary motion in man. Perm Found Med Bull 1952;10:212-32.

Levin MF, Hui-Chan C. Are H and stretch reflexes in hemiparesis reproducible and correlated with spasticity? J Neurol 1993;240:63-71.

Levin MF, Hui-Chan C. Ankle spasticity is inversely correlated with antagonist voluntary contraction in hemiparetic subjects. Electromyogr Clin Neurophysiol 1994;34:415-25.

Levin MF, Selles RW, Verheul MH, Meijer OG. Deficits in the coordination of agonist and antagonist muscles in stroke subjects: implication for normal motor control. Brain Res 2000; 853:352-69.

Liberson WT, Dondey M, Asa MM. Brief repeated isometric maximal exercises. An evaluation by integrative electromyography. Am J Phys Med 1962;41:3-14.

Liddell EGT, Sherrington CS. Reflexes in response to stretch (myotatic reflexes). Proceedings of the Royal Society of London, series B,1924;96,212-242.

Liebesman JL. Physiology of range of motion in human joints: a critical review. Crit Rev Phys Med Rehabil 1994;6:131-160.

Lindle RS, Metter EJ, Lynch NA, Fleg JL, Fozard JL, Tobin J, Roy TA, Hurley BF. Age and gender comparisons of muscle strength in 654 women and men aged 20-93 yr. J Appl Physiol 1997;83:1581-7.

Lindstrom L, Magnusson R, Petersén I. Muscular fatigue and action potential conduction velocity changes studied with frequency analysis of EMG signals. Electromyography 1970;10:341-56.

Lippold OCJ. The relation between integrated action potentials in a human muscle and its isometric tension. J. Physiol 1952;117,492-499.

Little WJ. Deformities of the human frame. 1843. Clin Orthop Relat Res 2007;456:15-9.

Lloyd DP. Conduction and synaptic transmission of the reflex response to stretch in spinal cats. Journal of neurophysiology 1943;6,317,326.

Lloyd DP. Integrative pattern of excitation and inhibition in two-neuron reflex arcs. J Neurophysiol 1946;9:439-44.

MacWilliams BA, Cowley M, Nicholson DE. Foot kinematics and kinetics during adolescent gait. Gait Posture 2003;17:214-24.

Maier A, Eldred E, Edgerton VR. The effects on spindles of muscle atrophy and hypertrophy. Exp Neurol 1972;37:100-23.

Manni E, Bagolini B, Pettorossi VE, Errico P. Effect of botulinum toxin on extraocular muscle proprioception. Doc Ophthalmol 1989;72:189-98.

Mann L. Über den Lähmungstypus bei der cerebralen Hemiplegie. Sammlung Klinischer Vorträge 1895;132 (Innere Medicin No 39):355-68.

Mao CC, Ashby P, Wang M, McCrea D. Synaptic connections from large muscle afferents to the motoneurons of various leg muscles in man. Exp Brain Res 1984;56:341-50.

Marchand-Pauvert V, Mazevet D, Nielsen J, Petersen N, Pierrot-Deseilligny E. Distribution of non-monosynaptic excitation to early and late recruited units in human forearm muscles. Exp Brain Res 2000;134:274-8.

Marque P, Simonetta-Moreau M, Maupas E, Roques CF. Facilitation of transmission in heteronymous group II pathways in spastic hemiplegic patients. J Neurol Neurosurg Psychiatry 2001;70:36-42.

Marsh E, Sale D, McComas AJ, Quinlan J. Influence of joint position on ankle dorsiflexion in humans. J Appl Physiol 1981;51:160-7.

Maton B. Influence of the duration of the integration period on the relation between the integrated surface EMG and force during isometric and isotonic contractions. Electromyogr Clin Neurophysiol 1973;13:301-18.

Maton B, Bouisset S. The distribution of activity among the muscles of a single group during isometric contraction. Eur J Appl Physiol Occup Physiol 1977;37:101-9.

Matthews PB. The dependence of tension upon extension in the stretch reflex of the soleus muscle of the decerebrate cat. J Physiol 1959;147:521-46.

Maupas E, Marque P, Roques CF, Simonetta-Moreau M. Modulation of the transmission in group II heteronymous pathways by tizanidine in spastic hemiplegic patients. J Neurol Neurosurg Psychiatry 2004;75:130-5.

Maynard FM, Karunas RS, Waring WP 3rd. Epidemiology of spasticity following traumatic spinal cord injury. Arch Phys Med Rehabil 1990;71:566-9.

McCloskey DI, Ebeling P, Goodwin GM. Estimation of weights and tensions and apparent involvement of a "sense of effort". Exp Neurol 1974;42:220-32.

McComas AJ, Sica RE, Upton AR, Aguilera N. Functional changes in motoneurones of hemiparetic patients. J Neurol Neurosurg Psychiatry1973;36:183-93.

McComas AJ. Human neuromuscular adaptations that accompany changes in activity. Med Sci Sports Exerc 1994;26:1498-509.

McKenzie DK, Gandevia SC. Influence of muscle length on human inspiratory and limb muscle endurance. Respir Physiol 1987;67:171-82.

McLaughlin J, Bjornson K, Temkin N, Steinbok P, Wright V, Reiner A et al. Selective dorsal rhizotomy: meta-analysis of three randomized controlled trials. Dev Med Child Neurol 2002;44:17-25.

McLellan DL. Cocontraction and stretch reflexes in spasticity during treatment with baclofen. J Neurol Neurosurg Psychiat 1977;40:30-38.

Mena D, Mansour JM, Simon SR. Analysis and synthesis of human swing leg motion during gait and its clinical applications. J Biomech 1981;14:823-32.

Merton PA. Human position sense and sense of effort. Symp Soc Exp Biol 1964;18:387-400.

Meunier S, Pierrot-Deseilligny E, Simonetta M. Pattern of monosynaptic heteronymous Ia connections in the human lower limb. Exp Brain Res 1993;96:534-44.

Meunier S, Pierrot-Deseilligny E, Simonetta-Moreau M. Pattern of heteronymous recurrent inhibition in the human lower limb. Exp Brain Res 1994;102:149-59.

Meschede M. Besprechung: Jahresbericht über die Fortschritte der Anatomie und Physiologie. 1876.

Milner M, Basmajian JV, Quanbury AO. Multifactorial analysis of walking by electromyography and computer. Am J Phys Med 1971;50:235-58.

Mizrahi EM, Angel RW. Impairment of voluntary movement by spasticity. Ann Neurol 1979;5:594-5.

Monod H. How muscles are used in the body. In G.H. Bourne ed. Structure and function of muscles 2ed., vol.1). Academic Press New York 1972;pp23-74.

Monster AW, Chan H. Isometric force production by motor units of extensor digitorum communis muscle in man. J Neurophysiol 1977;40:1432-43.

Montecucco C, Schiavo G. Mechanism of action of tetanus and botulinum neurotoxins. Mol Microbiol 1994;13:1-8.

Moore S, Schurr K, Wales A, Moseley A and Hebert R. Observation and analysis of hemiplegic gait: swing phase. Australian Journal of Physiotherapy 1993;39:271-278.

Morita H, Crone C, Christenhuis D, Petersen NT, Nielsen JB. Modulation of presynaptic inhibition and disynaptic reciprocal Ia inhibition during voluntary movement in spasticity. Brain 2001;124:826-37.

Morse CI, Thom JM, Davis MG, Fox KR, Birch KM, Narici MV. Reduced plantarflexor specific torque in the elderly is associated with a lower activation capacity. Eur J Appl Physiol 2004;92:219-26.

Moyer ED, Setler PE. Pharmacology of botulinum toxin. In : Tsui JKC, Calne DB, eds. Handbook of dystonia. New York, Basel, Hong Kong : M Dekker, 1995:367-90.

Murray MP, Drought AB, Kory RC. Walking patterns of normal men. J Bone Joint Surg Am 1964;46:335-60.

Murray MP, Mollinger LA, Gardner GM, Sepic SB. Kinematic and EMG patterns during slow, free, and fast walking. J Orthop Res 1984;2:272-80.

Nadeau S, Gravel D, Arsenault AB, Bourbonnais D, Goyette M. Dynamometric assessment of the plantarflexors in hemiparetic subjects: relations between muscular, gait and clinical parameters. Scand J Rehabil Med 1997;29:137-46.

Nakazawa K, Kawakami Y, Fukunaga T, Yano H, Miyashita M. Differences in activation patterns in elbow flexor muscles during isometric, concentric and eccentric contractions. Eur J Appl Physiol Occup Physiol 1993;66:214-20.

Namdari S, Horneff JG, Baldwin K, Keenan MA. Muscle releases to improve passive motion and relieve pain in patients with spastic hemiplegia and elbow flexion contractures. J Shoulder Elbow Surg 2012;21:1357-62.

Nardone A, Romanò C, Schieppati M. Selective recruitment of high-threshold human motor units during voluntary isotonic lengthening of active muscles. J Physiol 1989;409:451-71.

Newham DJ, Hsiao SF. Knee muscle isometric strength, voluntary activation and antagonist cocontraction in the first six months after stroke. Disabil Rehabil 2001;23:379-86.

Newman SA, Jones G, Newham DJ. Quadriceps voluntary activation at different joint angles measured by two stimulation techniques. Eur J Appl Physiol 2003;89:496-9.

Nothnagel H. Ueber centrale Irradiation des Willensimpulses. European Archives of Psychiatry and Clinical Neuroscience 1872; pp214-218,

O'Dwyer NJ, Ada L, Neilson PD. Spasticity and muscle contracture following stroke. Brain 1996;119:1737-49.

Olney SJ. Quantitative evaluation of cocontraction of knee and ankle muscles in normal walking. Biomechanics IX-A, Human Kinetics, Champaign (IL), 1985: pp431-435.

Olney SJ, Monga TN, Costigan PA. Mechanical energy of walking of stroke patients. Arch Phys Med Rehabil 1986;67:92-8.

Olney SJ, Griffin MP, McBride ID. Temporal, kinematic, and kinetic variables related to gait speed in subjects with hemiplegia: a regression approach. Phys Ther 1994;74:872-85.

Osternig LR, Caster Bl, James CR. Contralateral hamstring (biceps femoris) coactivation patterns and anterior cruciate ligament dysfunction. Med Sci Sports Exerc 1995;27:805-8.

Paillard J. Electrophysiologic analysis and comparison in man of Hoffmann's reflex and myotatic reflex. Pflugers Arch 1955;260:448-79.

Patton NJ, Mortensen OA. An electromyographic study of reciprocal activity of muscles. Anat Rec 1971;170:255-68.

Peat M, Dubo HI, Winter DA, Quanbury AO, Steinke T, Grahame R. Electromyographic temporal analysis of gait: hemiplegic locomotion. Arch Phys Med Rehabil 1976;57:421-5.

Perry J, Hoffer MM, Giovan P, Antonelli D, Greenberg R. Gait analysis of the triceps surae in cerebral palsy. A preoperative and postoperative clinical and electromyographic study. J Bone Joint Surg Am 1974;56:511-20.

Perry J, Waters RL, Perrin T. Electromyographic analysis of equinovarus following stroke. Clin Orthop Rel Res 1978;131:47-53.

Perry J. Rehabilitation of spasticity. In: Feldman RG, Young RR, Koella WP, editors. Spasticity: disordered motor control. Miami: Symposia Specialists 1980:87-100.

Perry J. Gait analysis. Normal and Pathological Function. Slack Inc USA, 1992.

Peterson DS, Martin PE. Effects of age and walking speed on coactivation and cost of walking in healthy adults. Gait Posture 2010;31:355-9.

Phelps WM. Cerebral birth injuries: their orthopaedic classification and subsequent treatment. 1932. Réédité dans Clin Orthop Relat Res 1990;253:4-11.

Pierrot-Deseilligny E, Bussel B, Held JP, Katz R. Excitability of human motoneurones after discharge in a conditioning reflex. Electroencephalogr Clin Neurophysiol. 1976;40:279-87.

Pierrot-Deseilligny E, Morin C, Bergego C, Tankov N. Pattern of group I fibre projections from ankle flexor and extensor muscles in man. Exp Brain Res 1981;42:337-50.

Pierrot-Deseilligny E, Mazières L. Reflex circuits of the spinal cord in man. Control during movement and their functional role. Rev Neurol (Paris) 1984a;140:605-14.

Pierrot-Deseilligny E, Mazières L. Reflex circuits of the spinal cord in man. Control during movement and functional role. Rev Neurol (Paris) 1984b;140:681-94.

Pierrot-Deseilligny E. Electrophysiological assessment of the spinal mechanisms underlying spasticity. Electroencephalogr Clin Neurophysiol 1990;41:264-73.

Pierrot-Deseilligny E, Burke D. The circuitry of the human spinal cord: its role in motor control and movement disorders. 2005. Cambridge: Cambridge University Press.

Pinzur MS, Sherman R, DiMonte-Levine P, Trimble J. Gait changes in adult onset hemiplegia. Am J Phys Med 1987;66:228-37.

Piper, H. Elektrophysiologie Menshlisher Muskeln. Berlin: Springer. 1912.

Poulain B. Mécanisme d'action moléculaire de la toxine tétanique et des neurotoxines botuliques. Pathol Biol 1994;42:173-82.

Powers RK, Campbell DL, Rymer WZ. Stretch reflex dynamics in spastic elbow flexor muscles. Ann Neurol 1989;25:32-42.

Purves D, Augustine GJ, Fitzpatrick D, Katz LC, LaMantia AS, McNamara JO. Neuroscience 1999. Paris Bruxelles.

Ranson SW, Dixon HH. Elasticity and ductility of muscle in myostatic contracture caused by tetanus toxin. Am J Physiol 1928;86:312-319.

Rash PJ, Burke RK. Kinesiology and applied anatomy. The science of human movement (5ᵉ ed.). Lea & Febiger, Philadelphie, 1974.

Reimers J. Functional changes in the antagonists after lengthening the agonists in cerebral palsy. I. Triceps surae lengthening. Clin Orthop Relat Res 1990;253:30-4.

Rémy-Néris O, Denys P, Daniel O, Barbeau H, Bussel B. Effect of intrathecal clonidine on group I and group II oligosynaptic excitation in paraplegics. Exp Brain Res 2003;148:509-514.

Renshaw B. Influence of discharge of motoneurons upon excitation of neighboring motoneurons. J Neurophysiol 1941;4:167-183.

Rizzo MA, Hadjimichael OC, Preiningerova J, Vollmer TL. Prevalence and treatment of spasticity reported by multiple sclerosis patients. Mult Scler 2004;10:589-95.

Ryan AS, Dobrovolny CL, Smith GV, Silver KH, Macko RF. Hemiparetic muscle atrophy and increased intramuscular fat in stroke patients. Arch Phys Med Rehabil 2002;83:1703-7.

Rodrigues JP, Mastaglia FL, Thickbroom GW. Rapid slowing of maximal finger movement rate: fatigue of central motor control? Exp Brain Res 2009;196:557-63.

Roland PE, Ladegaard-Pedersen H. A quantitative analysis of sensations of tension and of kinaesthesia in man. Evidence for a peripherally originating muscular sense and for a sense of effort. Brain 1977;100:671-92.

Roll JP, Vedel JP. Kinaesthetic role of muscle afferents in man, studied by tendon vibration and microneurography. Exp Brain Res 1982;47:177-90.

Romberg MH. Lehrbuch der Nervenkrankheiten des Menschen, Berlin: Verlag Alexander Duncker. 1851.

Rosales RL, Arimura K, Takenaga S, Osame M. Extrafusal and intrafusal muscle effects in experimental botulinum toxin-A injection. Muscle Nerve 1996;19:488-96.

Rosenfalck A, Andreassen S. Impaired regulation of force and firing pattern of single motor units in patients with spasticity. J Neurol Neurosurg Psychiatry 1980;43:907-916.

Ross SA, Engsberg JR. Relation between spasticity and strength in individuals with spastic diplegic cerebral palsy. Dev Med Child Neurol 2002;44:148-57.

Rothwell JC, Day BL, Berardelli A, Marsden CD. Effects of motor cortex stimulation on spinal interneurones in intact man. Exp Brain Res 1984;54:382-4.

Rushworth G. The nature and management of spasticity. The pathophysiology of spasticity. Proc R Soc Med 1964;57:715-20.

Sahaly R, Vandewalle H, Driss T, Monod H. Surface electromyograms of agonist and antagonist muscles during force development of maximal isometric exercises-effects of instruction. Eur J Appl Physiol 2003;89:79-84.

Sahrmann SA, Norton BJ. The relationship of voluntary movement to spasticity in the upper motor neuron syndrome. Ann Neurol 1977;2:460-5.

Sale D, Quinlan J, Marsh E, McComas AJ, Belanger AY. Influence of joint position on ankle plantarflexion in humans. J Appl Physiol 1982;52:1636-42.

Sati M. De Guise J. Drouin G. «In vivo non-invasive 3D knee kinematics measurement and animation system: accuracy evaluation», Third International Symposium on 3-D Analysis of Human Movement 1994.

Schmit BD, Benz EN. Extensor reflexes in human spinal cord injury: activation by hip proprioceptors. Exp Br Res 2002;145:520-527.

Scott AB. Botulinum toxin injection into extraocular muscles as an alternative to strabismus surgery. Ophthalmology 1980;87:1044-1049.

Seger JY, Thorstensson A. Muscle strength and myoelectric activity in prepubertal and adult males and females. Eur J Appl Physiol Occup Physiol 1994;69:81-7.

Sekiguchi H, Kimura T, Yamanaka K, Nakazawa K. Lower excitability of the corticospinal tract to transcranial magnetic stimulation during lengthening contractions in human elbow flexors. Neurosci Lett 2001;312:83-6.

Sekiguchi H, Nakazawa K, Suzuki S. Differences in recruitment properties of the corticospinal pathway between lengthening and shortening contractions in human soleus muscle. Brain Res 2003;977:169-79.

Seidler-Dobrin RD, He J, Stelmach GE. Coactivation to reduce variability in the elderly. Motor Control 1998;2:314-30.

Shefner JM, Berman SA, Sarkarati M, Young RR. Recurrent inhibition is increased in patients with spinal cord injury. Neurology 1992;42:2162-68.

Sherrington C. The Integrative Action of the Nervous System. Yale University Press: New Haven, Conn 1906.

Sherrington C. Reciprocal innervation of antagonist muscles: 14th Note on double reciprocal innervation. Proc. R. Soc. London B 1909;91:244-268.

Shiavi R, Bugle HJ, Limbird T. Electromyographic gait assessment, Part 2: Preliminary assessment of hemiparetic synergy patterns. J Rehabil Res Dev 1987;24:24-30.

Signorile JF, Applegate B, Duque M, Cole N, Zink A. Selective recruitment of the triceps surae muscles with changes in knee angle. J Strength Cond Res 2002;16:433-9.

Simon AM, Kelly BM, Ferris DP. Sense of effort determines lower limb force production during dynamic movement in individuals with poststroke hemiparesis. Neurorehabil Neural Repair 2009;23:811-8.

Simmons RW, Richardson C. Peripheral regulation of stiffness during arm movements by coactivation of the antagonist muscles. Brain Res 1988;473:134-40.

Simonetta-Moreau M, Marque P, Marchand-Pauvert V, Pierrot-Deseilligny E. The pattern of excitation of human lower limb motoneurones by probable group II muscle afferents. J Physiol 1999;517:287-300.

Simpson LI. The binary toxin produced by Clostridium botulinum enters cells by receptor-mediated endocytosis to exert its pharmacologic effects. J Pharmacol Exp Ther 1989;251:1223-8.

Simpson DM, Gracies JM, Yablon SA, Barbano R, Brashear A. BoNT/TZD Study Team. Botulinum neurotoxin versus tizanidine in upper limb spasticity: a placebo-controlled study. J Neurol Neurosurg Psychiatry 2009;80:380-5.

Singer W . Recovery mechanisms in the mammalian brain. In Repair and regeneration of the nervous system (JG Nicholls ed.), Berlin, Heidelberg, New York: Springer-Verlag 1982,pp:203-226.

Sinkjaer T, Magnussen I. Passive, intrinsic and reflex-mediated stiffness in the ankle extensors of hemiparetic patients. Brain 1994;117:355-63.

Sinkjær T, Toft E, Hansen HJ. H-reflex modulation during gait in multiple sclerosis patients with spasticity. Acta Neurol Scand 1995;91:239-46.

Sirigu A, Duhamel JR, Cohen L, Pillon B, Dubois B, Agid Y. The mental representation of hand movements after parietal cortex damage. Science 1996;273:1564-8.

Smith AM. The coactivation of antagonist muscles. Can J Physiol Pharmacol 1981;59:733-47.

Smith MB, Brar SP, Nelson LM, Franklin GM, Cobble ND. Baclofen effect on quadriceps strength in multiple sclerosis. Arch Phys Med Rehabil 1992;73:237-40.

Smith, SJ, Ellis, E, White, S and Moore, AP. A double-blind placebo-controlled study of botulinum toxin in upper limb spasticity after stroke or head injury. Clin. Rehabil 2000;14:5-13.

Solomon NP, Robin DA. Perceptions of effort during handgrip and tongue elevation in Parkinson's disease. Parkinsonism Relat Disord 2005;11:353-61.

Solomonow M, Guzzi A, Baratta R, Shoji H, D'Ambrosia R. EMG-force model of the elbows antagonistic muscle pair. The effect of joint position, gravity and recruitment. Am J Phys Med 1986;65:223-44.

Solomonow M, Baratta R, Zhou BH, Shoji H, Bose W, Beck C, D'Ambrosia R. The synergistic action of the anterior cruciate ligament and thigh muscles in maintaining joint stability. Am J Sports Med 1987;15:207-13.

Solomonow M, Baratta R, Zhou BH, D'Ambrosia R. Electromyogram coactivation patterns of the elbow antagonist muscles during slow isokinetic movement. Exp Neurol 1988;100:470-7.

Sperry RW. Neural basis of the spontaneous optokinetic response produced by visual inversion. J Comp Physiol Psychol 1950;43:482-9.

Spiegel KM, Stratton J, Burke JR, Glendinning DS, Enoka RM. The influence of age on the assessment of motor unit activation in a human hand muscle. Exp Physiol 1996;81:805-19.

Stevens JC, Cain WS. Effort in isometric muscular contractions related to force level and duration. Perception, & Psychophysics 1970;8:240-244.

Sullivan WE, Mortensen OA, Miles M, Greene LS. Electromyographic studies of m. biceps brachii during normal voluntary movement at the elbow. Anat Rec 1950;107:243-51.

Sutherland DH, Schottstaedt ER, Larsen LJ, Ashley RK, Callander JN, James PM. Clinical and electromyographic study of seven spastic children with internal rotation gait. J Bone Joint Surg Am 1969;51:1070-82.

Sutherland DH, Kaufman KR, Wyatt MP, Chambers HG. Injection of botulinum A toxin into the gastrocnemius muscle of patients with cerebral palsy: a 3-dimensional motion analysis study. Gait & Posture 1996;4:269-279.

Suzuki M, Omori Y, Sugimura S, Miyamoto M, Sugimura Y, Kirimoto H, Yamada S. Predicting recovery of bilateral upper extremity muscle strength after stroke. J Rehabil Med 2011;43:935-43.

Tabary JC, Tabary C, Tardieu C, Tardieu G, Goldspink G. Physiological and structural changes in the cat's soleus muscle due to immobilization at different lengths by plaster casts. J Physiol 1972;224:231-44.

Tabary JC, Tardieu C, Tardieu G, Tabary C. Experimental rapid sarcomere loss with concomitant hypoextensibility. Muscle Nerve 1981;4:198-203.

Tanaka R. Reciprocal Ia inhibition during voluntary movements in man. Exp Brain Res 1974;21:529-40.

Tang A, Rymer WZ. Abnormal force-EMG relations in paretic limbs of hemiparetic human subjects. J Neurol Neurosurg Psychiatry 1981;44:690-8.

Tardieu G. Trouble du maintien postural des membres supérieurs. In Tardieu G, editor. Les Feuillets de l'Infirmité Motrice Cérébrale. Paris : Association Nationale des IMC ; 1972 Chapitre VB1f, p 1-10.

Tardieu G, Tardieu C, Hariga J. Selective partial denervation by alcohol injections and their results in spasticity. Reconstr Surg Traumat 1972;13:18-36.

Tardieu C, Tardieu G, Colbeau-Justin P, Huet de la Tour E, Lespargot A. Trophic muscle regulation in children with congenital cerebral lesions. J Neurol Sci 1979;42:357-364.

Tardieu C, Lespargot A, Tabary C, Bret MD. Toe-walking in children with cerebral palsy: contributions of contracture and excessive contraction of triceps surae muscle. Phys Ther 1989;69:656-62.

Taylor S, Ashby P, Verrier M. Neurophysiological changes following traumatic spinal cord lesions in man. J Neurol Neurosurg Psychiatry 1984;47:1102-8.

197

Tedroff K, Knutson LM, Soderberg GL. Co-activity during maximum voluntary contraction: a study of four lower-extremity muscles in children with and without cerebral palsy. Dev Med Child Neurol 2008;50:377-81.

Thelen E, Ridley-Johnson R, Fisher DM. Shifting patterns of bilateral coordination and lateral dominance in the leg movements of young infants. Dev Psychobiol 1983;16:29-46.

Thomas CK, Tucker ME, Bigland-Ritchie B. Voluntary muscle weakness and co-activation after chronic cervical spinal cord injury. J Neurotrauma 1998;15:149-161.

Tilney F, Pike FH. Muscular coordination experimentally studied in its relation to the cerebellum. Arch. Neurol. & Psychiat 1925;13:289.

Toft E, Sinkjaer T, Andreassen S, Hansen HJ. Stretch responses to ankle rotation in multiple sclerosis patients with spasticity. Electroencephalogr Clin Neurophysiol 1993;89:311-8.

Trevena JA, Miller J. Cortical movement preparation before and after a conscious decision to move. Conscious Cogn 2002;11:162-190; discussion 314-325.

Trompetto C, Currà A, Buccolieri A, Suppa A, Abbruzzese G, Berardelli A. Botulinum toxin changes intrafusal feedback in dystonia: a study with the tonic vibration reflex. Mov Disord 2006;21:777-82.

Trompetto C, Bove M, Avanzino L, Francavilla G, Berardelli A, Abbruzzese G. Intrafusal effects of botulinum toxin in post-stroke upper limb spasticity. Eur J Neurol 2008;15:367-70.

Trudel G, Uhthoff HK. Contractures secondary to immobility: is the restriction articular or muscular? An experimental longitudinal study in the rat knee. Arch Phys Med Rehabil 2000;81:6-13.

Tyler HR. Botulinus toxin: effect on the central nervous system of man. Science 1963;139:847-8.

United Kingdom Tizanidine Trial Group. A double-blind, placebo-controlled trial of tizanidine in the treatment of spasticity caused by multiple sclerosis. Neurology 1994;44:S70-8.

Unnithan VB, Dowling JJ, Frost G, Bar-Or O. Role of cocontraction in the O2 cost of walking in children with cerebral palsy. Med Sci Sports Exerc 1996a;28:1498-504.

Unnithan VB, Dowling JJ, Frost G, Volpe Ayub B, Bar-Or O. Cocontraction and phasic activity during gait in children with cerebral palsy. Electromyogr Clin Neurophysiol 1996b; 36:487-494.

Vander Linden DW, Kukulka CG, Soderberg GL. The effect of muscle length on motor unit discharge characteristics in human tibialis anterior muscle. Exp Brain Res 1991;84:210-8.

Veerbeek JM, Kwakkel G, van Wegen EE, Ket JC, Heymans MW. Early prediction of outcome of activities of daily living after stroke: a systematic review. Stroke 2011;42:1482-8.

Vinti M, Costantino F, Bayle N, Simpson DM, Weisz DJ, Gracies JM. Spastic cocontraction in Hemiparesis. Effects of Botulinum Toxin. Muscle Nerve 2012a, *in press*

Vinti M, Couillandre A, Hausselle J, Bayle N, Primerano A, Merlo A, Hutin E, Gracies JM. Influence of Effort Intensity and Gastrocnemius Stretch on Co-contraction and Torque Production in the Healthy and Paretic Ankle. Clinical Neurophysiology, 2012b, *in press*

Visser SL, Aanen A. Evaluation of EMG parameters for analysis and quantification of hemiparesis. Electromyogr Clin Neurophysiol 1981;21:591-610.

Vojta V. Reflex creeping as an early rehabilitation programme. Z. Kinderheilkd 1968;104:319-30.

Von Holst E. Relations between the central nervous system and the peripheral organs. British Journal of Animal Behaviour 1954;2:89-94.

Vredenbregt J, Rau G. Surface electromyography in relation to force, muscle length and endurance. In Desmedt S (ed): New Development in Electromyography and Clinical Neurophysiology. Basel, Switzerland, S. Karger, 1973.

Wachholder K, Altenburger H. Ueber die Beziehungen der Agonisten und Synergisten und ueber die Genese der Synergisten-Tatigkeit. Pfluger's Arch. Ges. Physiol 1925;209:286-300.

Walker FO, Scott GE, Butterworth J. Sustained focal effects of low-dose intramuscular succinylcholine. Muscle Nerve 1993;16:181-7.

Wall PD. Excitability changes in afferent fibre terminations and their relation to slow potentials. J Physiol 1958;142:i3-21.

Walmsley B, Hodgson JA, Burke RE. Forces produced by medial gastrocnemius and soleus muscles during locomotion in freely moving cats. J Neurophysiol 1978;41:1203-16.

Watanabe J, Sugiura M, Sato K, Sato Y, Maeda Y, Matsue Y, Fukuda H, Kawashima R. The human prefrontal and parietal association cortices are involved in NO-GO performances: an event-related fMRI study. Neuroimage 2002;17:1207-1216.

Weidner N, Ner A, Salimi N, Tuszynski MH. Spontaneous corticospinal axonal plasticity and functional recovery after adult central nervous system injury. Proc Natl Acad Sci USA 2001;98:3513-8.

Wernicke C. Zur Kenntnis der cerebralen Hemiplegie. Berlin Klinische Wochenschrift 1889; 45:969-70.

Williams PE, Goldspink G. Connective tissue changes in immobilised muscle. J Anat 1984;138:343-50.

Wilson LR, Gandevia SC, Inglis JT, Gracies J, Burke D. Muscle spindle activity in the affected upper limb after a unilateral stroke. Brain 1999;122:2079-88.

Winter DA, Yack HJ. EMG profiles during normal human walking: stride-to-stride and inter-subjects variability. Electroencephalogr Clin Neurophysiol 1987;67:402-11.

Winter DA. The Biomechanics and Motor Control of human Gait: Normal, Elderly and Pathological. Waterloo, Ontario: University of Waterloo Press, 1991.

Winterer G, Adams CM, Jones DW, Knutson B. Volition to action--an event-related fMRI study. Neuroimage 2002;17:851-858.

Winters TF Jr, Gage JR, Hicks R. Gait patterns in spastic hemiplegia in children and young adults. J Bone Joint Surg Am 1987;69:437-41.

Woods JJ, Bigland-Ritchie B. Linear and non-linear surface EMG/force relationships in human muscles. An anatomical/functional argument for the existence of both. Am J Phys Med 1983;62:287-99.

Wu G, Cavanagh PR. ISB recommendations for standardization in the reporting of kinematic data. J Biomech 1995;28:1257-61.

Wu G, Siegler S, Allard P, Kirtley C, Leardini A, Rosenbaum D, Whittle M, D'Lima DD, Cristofolini L, Witte H, Schmid O, Stokes I. Standardization and Terminology Committee of the International Society of Biomechanics. ISB recommendation on definitions of joint coordinate system of various joints for the reporting of human joint motion--part I: ankle, hip, and spine. International Society of Biomechanics. J Biomech 2002;35:543-8.

Wu M, Hornby TG, Hilb J, Schmit BD. Extensor spasms triggered by imposed knee extension in chronic human spinal cord injury. Exp Brain Res 2005;162:239-49.

Yan T, Hui-Chan CW, Li LS. Functional electrical stimulation improves motor recovery of the lower extremity and walking ability of subjects with first acute stroke: a randomized placebo-controlled trial. Stroke 2005;36:80-5.

Yang JF, Stein RB, Jhamandas J, Gordon T. Motor unit numbers and contractile properties after spinal cord injury. Ann Neurol 1990;28:496-502.

Yang JF, Stein RB, James KB. Contribution of peripheral afferents to the activation of the soleus muscle during walking in humans. Exp Brain Res 1991;87:679-87.

Yang JF, Winter DA. Electromyography reliability in maximal and submaximal isometric contractions. Arch Phys Med Rehabil 1983;64:417-20.

Yang JF, Winter DA. Electromyographic amplitude normalization methods: improving their sensitivity as diagnostic tools in gait analysis. Arch Phys Med Rehabil 1984;65:517-21.

Yang JF, Winter DA. Surface EMG profiles during different walking cadences in humans. Electroencephalogr Clin Neurophysiol 1985;60:485-91.

Yelnik AP, Simon O, Parratte B, Gracies JM. How to clinically assess and treat muscle overactivity in spastic paresis. J Rehabil Med 2010;42:801-807.

Young JL, Mayer RF. Physiological alterations of motor units in hemiplegia. J Neurol Sci 1982;54:401-12.

LISTE DES PUBLICATIONS ET COMMUNICATIONS

2012: **Vinti M, Costantino F, Bayle N, Simpson DM, Weisz DJ, Gracies JM**. Spastic cocontraction in Hemiparesis. Effects of Botulinum Toxin. *Muscle Nerve. 2012; 46:926-931.*

2013 : **Vinti M, Couillandre A, Hausselle J, Bayle N, Primerano A, Merlo A, Hutin E, Gracies JM**. Influence of Effort Intensity and Gastrocnemius Stretch on Co-contraction and Torque Production in the Healthy and Paretic Ankle. *Clin Neurophysiol. 2013; 124:528-535.*

2010 : *25e congrès de la SOFMER*, Marseille. Evolution de la cocontraction spastique des fléchisseurs plantaires de cheville lors d'un effort isométrique maximal prolongé (20 secondes) en flexion dorsale chez le sujet hémiparétique et le sujet sain.

2009 : *24e congrès de la SOFMER*, Lyon. La cocontraction spastique, un phénomène commun dans la parésie spastique.